바다의 눈,
소리의 비밀

바다의 눈, 소리의 비밀

흥미로운 바다 소리의 세계

초판 1쇄 발행 2018년 12월 20일

지은이 최복경·최영호
펴낸이 이원중

펴낸곳 지성사 **출판등록일** 1993년 12월 9일 **등록번호** 제10-916호
주소 (03408) 서울시 은평구 진흥로68(녹번동) 정안빌딩 2층(북측)
전화 (02) 335-5494 **팩스** (02) 335-5496
홈페이지 지성사.한국 | www.jisungsa.co.kr **이메일** jisungsa@hanmail.net

ⓒ 최복경·최영호, 2018

ISBN 978-89-7889-410-4 (04400)
ISBN 978-89-7889-168-4 (세트)

이 도서의 국립중앙도서관 출판시도서목록(CIP)은 서지정보유통지원시스템
홈페이지(http://seoji.nl.go.kr)와 국가자료공동목록시스템(http:www.nl.go.kr/kolisnet)에서
이용하실 수 있습니다. (CIP제어번호:CIP2018040559)

바다의 눈,
소리의 비밀

흥미로운 바다 소리의 세계

최복경
최영호
지음

지성사

■ 차례

■ 여는 글

　소리의 세계는 알면 알수록 묘하다. 살아 있는 것들은 소리를 갖고 있기 때문이다. 그런데 진짜로 꼭 살아 있는 것들만 소리를 가질까? 아닐 것 같다. 사실, 살아 있든 죽어 있든 모든 것은 자신이 지닌 소리로부터 자유롭지 않다. 멀리까지 갈 것도 없다. 눈을 돌려 우리 주위를 보자. 길거리에 나뒹구는 돌 하나, 부러진 나뭇가지 한 토막, 심지어 아이들이 갖고 놀다 버린 낡은 플라스틱 인형조차 살짝만 건드려도 소리를 낸다. 식탁 위의 물컵도 그냥 두면 아무런 소리가 없다가도 누군가가 엎지르거나 다른 그릇에 옮겨 담으면 여지없이 숨겨두었던 소리를 낸다. 개울물은 또 어떤가? 멀리서는 잘 들리지 않지만 가까이 가서 들으면 아주 운치 있는 소리를 내며 흐르는 것이 개울물 아니던가. 논밭에 둘러싸인 시골집에서의 하룻밤, 그때 들었던 개구리 울음소리도 신비롭다. 초저녁엔 그렇게 귀 따갑게 들리던 개구리 울음소리가 다른 일에 몰입해 있는 사이 어느덧 하나의 멋진 교향곡으로 바뀌어 있곤 했으니 말이다.

도대체 소리란 무엇일까? 소리는 소리 자체로만 있을 수 없다. 어느 소리든 다른 것과의 접촉을 요구한다. 하루 종일 어항 속에서 입만 뻥끗뻥끗하는 금붕어도 소리를 낼까? 사찰마다 스님들이 나무 물고기인 '목어(木魚)'를 두드리는 이유는 무엇일까? 부처님의 설법을 물속 세계에 전한다는 각별한 의미도 있겠지만, 우리 귀에 들리는 수많은 소리는 어디서 시작해서 어디서 끝나는 것인지 도무지 가늠할 수 없다. 아무것도 없는 텅 빈 공간도 어디선가 소리가 들리면 그 공간이 가득 채워지는 듯한 느낌이 들게 되는 것도 소리의 세계가 지닌 비밀 중 하나일 것이다.

"보는 것이 믿는 것"이란 말 속엔 강력한 지배력이 작동한다. 프랑스의 매체비평 철학자 레지스 드브레(Régis Debray)는 우리의 시선(視線)은 눈앞의 세계만 지배하지 않는다고 한다. 눈

앞에 펼쳐지는 세계는 눈에 보이는 세계로만 이루어지지 않기 때문일 것이다. 시선과 닿아 있는 세계는 기하학적 형태 이상의 모습일 때가 많다. 어떤 때는 동굴 같은 형태였다가도 어떤 때는 평평한 세계로 보이는 것이 우리의 시선 밖의 세계이다. 드브레는 이렇게 시시각각 바뀌는 우리의 시선을 '시각의 환청 상태'로 규정한 바 있다. 그가 쓴 세계적 명저 『이미지의 삶과 죽음Vie et mort de l'image』에는 어느 중국 황제에 관한 일화가 나온다. 하나의 이미지가 어떻게 소리와 결합하여 매혹적인 이야기로 바뀌는지를 보여주는 아주 이채로운 일화이다.

"언젠가 중국 황제 한 분이 궁정화가에게, 그가 궁궐에 그렸던 벽화를 지워버리라고 명령했다. 그 벽화 속의 물소리가 잠을 설치게 한다고. 이 미스터리한 일화는, 벽화는 말이 없다고 믿는 우리를 사로잡는다. 그러면서 우리를 알게 모르게 불안에 빠져들게 한다. 그 논리는 우리를 비웃는 듯도 하지만, 그 경이로움은 우리의 마음 깊이 가라앉아 있던 의혹을 일깨운다. 까맣게 잊어버린 것이 아니라, 잠시 잊고 있었지만 여전히 두려움에 싸이게 하는 은밀한 이야기처럼."

산수풍경을 그린 화가의 벽화에서 물소리가 난다? 게다가 그 그림을 뚫고 나와 황제의 잠자리를 설치게 할 정도로 소리가 컸다? 도대체 얼마나 세찬 물소리였기에 이런 변주가 가능했을까? 「공각기동대」를 만든 오시이 마모루의 영화 속 위장술이나 '더 워쇼스키스'가 제작한 「매트릭스」의 가상세계라면 가능했을지도 모른다. 하지만 2차원의 평면에 그려진 벽화 속의 물소리가 차원을 달리하여 우리가 사는 실제세계로 재현되었다는 것은 생각만 해도 흥미진진하다. 이는 세상에 존재하는 것들마다 고유의 소리를 지녔다는 것에 우리를 동의하게 만든다. 가야금을 만드는 오동나무엔 천년의 소리가 있다고 한다. 얼마 전 작고한 가야금의 명인 황병기 선생의 가야금 소리도 신비롭다. 레코드 시스템이 전혀 없던, 저 신라시대의 가야금 소리를 복원한 연주였다. 특히 그의 〈미궁迷宮〉을 듣는 사람들은 그 오묘한 가야금 소리에 빠져들 수밖에 없었다. 생전의 그는 이런 소리를 찾기 위해 신라시대의 유물을 전시한 경주박물관을 자주 찾았고, 역사 속의 일상적 삶을 소리로 복원해냈다. 오래된 유물에 깃든 소리가 어떤지를 손으로 두드려도 보고, 거기서 나는 시간의 경계 너머 소리에 마음의 귀를 기울였다. 그가 연주한 가야금 선율엔 바로 그 소리가 실려 있었다.

이 책은 소리를 토대로 이루어지는 파동과학의 기초에서 부터, 공간의 경계를 넘나들며 소리가 확대되고 수많은 형태로 변신하는 온갖 소리 장치로 우리를 비밀스런 소리의 세계로 초대한다. 하늘에선 전파로 자연스럽게 먼 거리의 비행물체를 놓치지 않고 잡아내는 레이다가 왜 바다 속에선 무용지물인지, 왜 배의 스크루 소리는 스크루의 회전이 아닌 물거품 때문에 생기는 것인지, 왜 물고기마다 고유의 소리가 있고, 드넓은 바다를 누비는 돌고래의 초음파는 왜 그들의 길잡이가 되는지, 그리고 왜 은밀히 움직이는 최첨단 잠수함마다 특유의 소리를 품고 있고 결국 그 소리 때문에 위치가 발각되고 마는지 등은 생각할수록 흥미롭다. 이런 갖가지 궁금증은 우주선이 달나라를 왕복하고 지구와 엄청나게 떨어진 화성에까지 최첨단 위성을 보내고 있는 오늘날에도 우리를 유혹한다. 그런 점에서 이 책은 소리 세계로 가는 소통의 길, 소리의 비밀을 여는 또 다른 눈인 셈이다.

우리는 지금 두 눈을 뜨고 있어도 우리 앞에 있는 것, 앞으로 있어야 할 것을 쉽게 가려낼 수 없는 세상에 살고 있다. 차고 넘치는 정보의 바다에서 허우적거리는 우리로선 눈을 감고

객관적 거리를 가려야만 진짜 세상을 볼 수 있는 시대가 되었다. 스스로를 내려놓아야 진정으로 보이는, 반성과 성찰의 시대가 온 것이다. 이를 토대로 우리가 함께 사는 세상의 또 다른 소통의 길을 찾아야 한다. 소리 나는 쪽으로 고개를 돌리라는 얘기다. 그곳이 바다라면, 소리는 우리를 안내할 바다의 눈이다. 별빛 가득한 밤이면, 어디선가 별똥이 떨어지며 내는 소리도 우리 귓전에 들릴지 모른다. 제대로 눈을 감고 마음의 귀를 연다면….

이 원고가 나오기까지 모든 자료는 수중음향연구팀(김병남 박사, 김웅 박사, 심민섭 연구원, 지호윤 연구원 등)의 공동결과물임을 밝히며, 특히 그림 작업에 수고해준 김성현, 김미란 연구원께 감사드린다. 또 KIOST 해산 측정자료를 제공해준 박요섭 박사께도 감사드리며, 끝으로 원고를 감수해주신 부경대학교 하강열 교수님과 한국해양과학기술원 조정현 작가님께도 깊은 감사를 드린다.

최복경(한국해양과학기술원 책임연구원)

최영호(해군사관학교 인문학과 명예교수)

01_ 파동과학의 기초

소리의 파동이란 무엇일까?

"부모님과는 말이 안 통해 힘들어 죽겠어~~~!"

사춘기는 시시콜콜한 것 하나에도 온갖 신경이 곤두서는 시기다. 그래서 이런 말은 이 시기에 누구든 한 번쯤 내뱉는 말의 하나일 수 있다. 속뜻은 아무리 많은 말을 해도 상대방이 제대로 알아들을 수 없고, 진짜 속마음을 알기 어렵다는 얘기다. 비록 친한 사이라고 해도 흉금을 터놓고 얘기할 수 없다면 서로에 대한 오해가 빚어질 수밖에 없다. 더 나아가 갈등이 격해지면 오랜 우정마저 금 가게 된다. 비슷한 경험을 해본 사람이라면 말하지 않아도 알 것이고, 사람 사이의 관계를 돈독히 하는 데는 '소통'만큼 중요한 것이 없음을 모르지 않을 것이다.

실제로 우리가 살고 있는 세상은 어떤가? 아주 친한 친구끼리도 제대로 소통이 되지 않아 말문이 막힐 때가 많지 않은가? 혀가 짧아 '바담 풍' 하는 소리를 듣고도 '바람 풍'으로 알아듣는다면 얼마나 좋을까만, '소통'을 위해 말을 하면 할수록 오히려 '불통'을 부르는 상황이라면 제아무리 상대방이 이해할 준비가 되었다 하더라도 주고받는 말은 아무런 소용이 없을 것이다. 이는 마치 두 사람이 우주공간에 있는 것과 같다. 우주공간에선 서로가 서로를 보며 말을 하더라도 상대방이 무슨 말을 하는지 알 수 없어 '소통'하기 어렵다. 왜냐하면 소통이 이루어지는 공간이 전혀 다르기 때문이다.

소통은 무언가를 주고받는 것이다. 사람들의 소통은 주로 대화(커뮤니케이션)를 통해 이루어진다. 그런데 지구에선 마음만 있다면 얼마든지 대화가 가능한 데 반해 우주공간에선 쉽지 않다. 왜 그런 것일까? 우리가 대화를 할 때 어떤 현상이 생기는지부터 생각해보자. 일단, 내가 말하는 순간 내 입에서 나오는 소리가 친구에게 전달되려면 공기가 필요하고, 소리는 공기의 진동을 통해 전달된다. 이 때문에 친구가 내가 말하는 소리를 듣고 알아채는 것은 공기를 통해 전달된 파동이 귓속에 도달했을 때 가능하다. 바로 여기에 중요한 비밀이 있다. 소리는 소리 자체로 전달되지 않고 공기를 진동시키는 파동에 의해 전달된다는 사실이다. 이를 일컬어 '음파(소리파동)'라고 한다.

그런데 우리 눈으로는 볼 수 없지만 파동에는 무언가가 실려 있다. 바닷가 파도를 떠올리면 쉽게 상상할 수 있다. 끊임없이 밀려왔다 밀려가는 파도처럼 내 입에서 나온 소리의 파동은 공기를 움직이는 힘을 지닌다. 한마디로 파동은 곧 에너지의 진동인 것이다. 이 에너지는 우리 눈에는 안 보이지만 우리가 어떤 일을 할 수 있도록 돕는 힘이 된다. 또한 파동은 에너지를 멀리까지 전달한다. 이렇듯 소리는 우리에겐 극히 간단한 현상이지만 알면 알수록 신비로운 세계로 우리를 초대한다.

그렇다면 눈에 보이지 않는 이 에너지의 진동은 어떻게 알아챌 수 있을까? 에너지의 진동은 시간상 또는 공간상으로 표현할 수 있다.

첫째, 공간의 어느 한 지점(예: 내 입 또는 친구의 귓속)에서

파동이 시간적으로 변하는 경우이다. 이를 파동의 시간적 표현이라 한다. 이는 말하는 사람의 입에서 소리가 계속 발생되고, 마찬가지로 전달된 소리가 듣는 사람의 귓속에서 소리로 계속 들리는 경우를 말한다.

입을 통한 소리의 발생은 목구멍 속의 성대라고 불리는 주름막의 진동에 의해 생기는데, 성대가 한 번 떠는 데 걸리는 시간을 주기라고 한다. 우리가 노래를 들을 때 사실은 이 파동의 시간 주기를 즐기는 셈이다. 성대가 빠르게 진동하면 그 주기는 짧아지는데, 이를 고주파 소리(고음: 높은 음)라

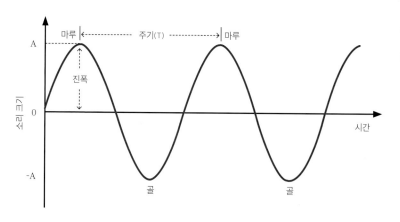

소리파동의 시간 표현

고 한다. 반면, 느리게 진동하면 그 주기도 길어진다. 이를 저주파 소리(저음: 낮은 음)라고 한다. 남자들이 어릴 때 높은 음의 소리를 잘 내다가 어른이 되어 낮은 음의 소리를 잘 내게 되는 것은 나이가 들면서 성대의 움직임이 둔해지기 때문인데, 이때 사람들은 목소리가 굵어졌다고 한다.

둘째, 공간상 일정 거리(예: 내 입부터 친구 귀까지의 거리)의 어느 한 지점에서 카메라로 소리의 변동을 찍어보면(공기 중의 소리를 사진으로 찍으려면 고도의 기술이 필요하다) 찍힌 사진은 시간적으로는 어느 한 순간을 표현한 것이지만 공간적으로

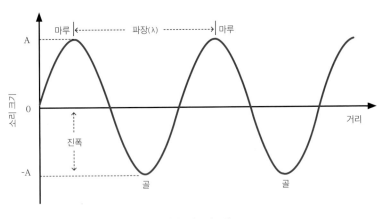

소리파동의 공간 표현

는 일정한 소리파동의 모양이 드러나는 순간이다. 이때 표현된 한 개의 파동 거리를 '파장'이라고 한다. 즉 파장은 공간적으로 표현된 파동인 것이다. 나의 목소리가 내 입에서 나와서 공기를 거쳐 친구의 귀에까지 닿으려면 그 소리는 일정한 공간을 통해 전달되기 때문에 어떤 공간파동의 형태로 표현된다.

여기서 주목할 점은 소리가 공간을 지날 때 소리속력(음속)에 따라 각각의 파장이 달라진다는 점이다. 공기 중에서의 소리의 속력은 초당 약 340m/s(거리/시간)이다. 이를테면, 친구가 나로부터 340미터 떨어진 곳에 있고 내가 확성기로 소리를 전한다면 그 친구는 내가 소리를 지르고 난 1초 후 비로소 나의 목소리를 듣게 되는 셈이다.

공간을 채우는 두 개의 파동,
소리파동과 전파는 어떻게 다를까?

그렇다면 소리는 우리가 서 있는 공간, 즉 공기가 있는 곳에서만 전달되는 것일까? 아마 많은 사람들은 물속에서도 소리를 들은 적이 있을 것이다. 파도에 휩쓸려 물에 빠졌을 때나 스킨스쿠버를 하며 물속을 자맥질할 때, 우리들 중 누군가는 나를 부르는 다급한 엄마의 목소리를 물속에서 듣고 물 밖으로 뛰쳐나온 경험이 있을 것이다. 이처럼 소리의 파동인 음파는 공기나 물, 금속 등 그 파동을 전달할 물질, 즉 매질(媒質)이 있으면 전달되는 '매질진동'이기도 하다. 지구상에 존재하는 공간 중에 자연적으로 아무것도 없는 진공 상태의 공간은 없다. 따라서 매질이 있는 곳에서 소리파동

(음파)은 어디든 전달된다.

공기 중에서는 공기의 진동으로 음파가 발생하거나 진행하고, 물속에서는 물 분자의 진동으로 음파가 발생하거나 진행한다. 다만 '매질진동'이기 때문에 매질의 특성에 따라 소리가 빠르거나 느리게, 혹은 명확하거나 희미하게 전달되기는 한다. 음파는 해당 매질의 탄성(얼마나 수축 팽창을 잘 하는가)에 따라 소리의 속력이 달라진다. 물은 공기에 비해 탄

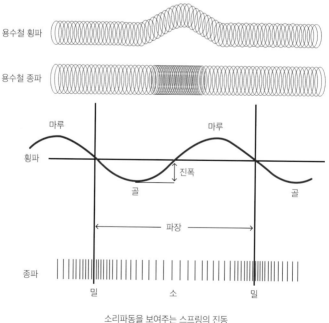

소리파동을 보여주는 스프링의 진동

성이 좋아서 공기일 때보다 소리의 속력이 빨라진다. 여기에서 탄성이 좋다는 것이 밀도가 높다는 것은 아니라는 사실이 아주 중요하다. 공기 중에서는 소리가 1초에 약 340미터까지 전달되지만, 물속에서는 1초에 약 1500미터까지 전달되어 그 속도가 공기의 4배를 웃돈다. 금속일 경우는 물속에서보다 훨씬 더 빠르다. 1초에 약 5천 미터까지 전달되기 때문이다.

또한 음파는 종파(縱波, 진행 방향으로 진동)의 특징도 갖는다. 마치 긴 스프링을 앞뒤로 흔들 때 생기는 스프링의 진동 모양과 비슷하다.

한편, 공간을 채우며 움직이는 에너지에는 전자기파도 있다. 전자기파란 전자의 진동으로 공간에 발생되는 전기자기적 파동을 말하며, 전자기파(빛 포함)인 전파는 진동매질이 필요 없는 특별한 파동이다. 전파는 횡파(橫波, 진행 방향과 수직으로 진동)의 특징이 있다. 전파가 진동하는 모습을 보면 전기장과 자기장이 90도의 방향을 유지하면서 횡으로 진동한다. 전파는 공기 중에 존재하지만, 음파와는 달리 '매질진동'이 아니다. 오히려 매질 입자가 전혀 없는 진공상태에서 속력이 가장 빠르다. 매질이 있을 경우, 공기 중에서는 그 속력이 진공일 때와 비슷하지만, 물속에서는 속력이 4분의 3으로 줄어든다.

좀 더 자세히 말하면 공기 중에서의 전파는 1초에 약 30만 킬로미터까지 전달되지만, 물속에서는 약 22만 5천 킬로미터까지 전달된다. 우리가 아는 전파 중 가장 익숙한 것이 빛인데, 이 속력은 빛의 속력과 같다. 그런데 이런 현상을 자칫 이상하게 여길 수도 있다. 아인슈타인의 상대성이론에 따르면, 빛의 속력은 30만km/s로 항상 일정한데 왜 물속에서는 속력이 많이 줄어드는지 의문을 가질 수 있다. 하지만 이것은 전혀 다른 이야기이다. 상대성이론에서 말하는 빛의 속도는 진공상태를 기준으로 했을 때의 속력이다. 따라서 매질이 있는 곳에서는 오히려 그 매질이 방해물로 작용하여 빛의 속력이 줄어들 수밖에 없다.

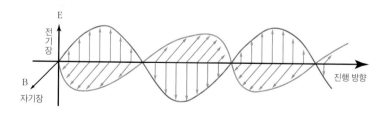

전파의 파동

공기와 물속, 두 곳의 소리는
어떻게 다를까?

그런데 파동의 속력은 어떻게 알 수 있을까? 파동의 속력은 진동수×파장이다. 수식으로 표기하면 $v=f\times\lambda$로 정의된다(v=속력, f=진동수, λ=파장). 이때 잊지 말아야 할 점이 있다. 모든 매질에서의 진동수는 변하지 않는다는 사실이다. 또한 각각의 매질에서는 특정한 파동속력이 정해져 있다는 점이다. 그러므로 경계면을 투과하면서 변하는 것은 파동의 파장뿐이다.

소리파동이 공기 중에서 물속으로 투과해 들어가면 어떤 일이 벌어질까? 공기와 물 경계면과 45도 각도로 진행한다고 하자. 소리파동이 공기 중에서 물속으로 들어가면 속력

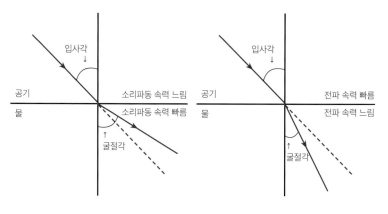

공기-물 경계면 소리파동의 굴절 현상   공기-물 경계면 전파의 굴절 현상

이 빨라져야 한다. 그런데 공기-물 경계면을 투과한 후 속력이 빨라지려면 파동의 방향은 경계면 쪽으로 굴절해야 한다. 그렇게 해서 굴절된 소리파동은 다음과 같다.

이번에는 전파의 경우를 보자. 전파는 진공 또는 공기에서보다 물속에서의 속력이 늦다. 공기 중에서 45도 각도로 공기-물 경계면으로 움직이는 전파가 물속으로 들어가면 경계면과는 더 멀어지는 쪽으로 굴절한다. 이를 통해 우리는 공기-물 경계면의 경우, 소리파동과 전파의 굴절 방향은 서로 반대된다는 것을 알 수 있다.

대기권에서는 소리가
어떻게 전달될까?

우리는 대기 1기압인 지구 표면에서 살아간다. 그런데 평소 대부분의 사람들은 잘 느끼지 못하지만, 에베레스트처럼 높은 산을 오르는 등반가나 바다 속 깊이 잠수하는 잠수부들은 기압의 변화를 절감한다. 수은을 넣은 유리관 안에서 수은 기둥을 높이 76센티미터까지 올리는 데 작용하는 압력을 1기압으로 정의한다. 우리들 대부분이 살아가는 지표면, 즉 평균 해수면 위의 대기압과 같아서 이를 1기압으로 정한 것이다.

기압은 해발고도가 5킬로미터 높아질 때마다 반으로 줄어들고, 약 30킬로미터 높이가 되면 거의 0.015기압이 된다. 이는 지표면상의 1기압에 비해 99퍼센트 이상 낮아진 상태다. 그 이상의 높이에서는 공기가 희박해져 기압은 거의 없다고 봐도 무방하다. 즉 고도 30킬로미터까지를 꽉 채운 공기 무게가 지표면에 1기압을 만든 셈이다.

따라서 공기 중 소리가 1초에 340미터를 달려간다는 말은 곧 지구 표면 1기압에서 소리의 속력이 340m/s라는 것이다. 그렇다면 매질인 공기가 거의 없는 고도 30킬로미터 높이에서의 소리의 속력은 어떠할까? 이런 소리파동의 속

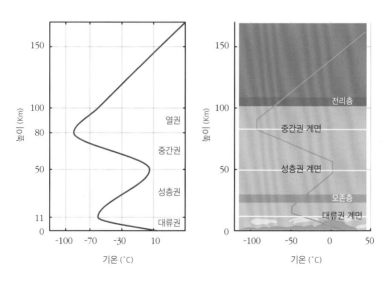

지표면으로부터 높이에 따른 공기의 온도 변화

력을 식으로 나타내면 v=√B/ρ이다. 여기서 v는 소리파동의 속력, B는 공기의 탄성률, ρ는 공기의 밀도이다. 이 식을 적용하면 고도 30킬로미터에서는 공기의 탄성률이 작아지고, 공기의 밀도 역시 작아지므로 대기권의 경우, 기압 차이에 따른 소리속력의 변화는 없게 된다.

하지만 기온이 달라지면 소리의 속력도 달라진다. 고도에 따라 기온이 변하기 때문에 온도의 변화에 비례해 대류권이 끝나는 고도 10킬로미터에서의 소리의 속력은 지상에 비해 속도가 느려질 수밖에 없다. 기온이 섭씨 1도씩 상승할 때마다 소리의 속력은 0.6m/s씩 증가한다. 그런데 고도 10킬로미터에서의 기온은 섭씨 영하 58도로 지표면에 비해

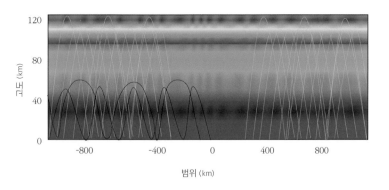

대기권 소리의 전달 경로

상상을 초월할 정도로 낮다. 여기서는 소리의 속력도 감소하여 1초에 약 300미터밖에 전달되지 않는다. 성층권으로 올라가면서 소리의 속력은 다시 빨라진다.

소리파동은 속력이 느려지는 방향으로 굴절하여 모이는 성질이 있다. 그러므로 약 10킬로미터 상공을 지나는 비행기에서는 지상의 아주 낮은 진동수의 다양한 소리를 더 잘 들을 수 있다.

바다 속에서는 소리가
어떻게 전달될까?

과연 물속에서는 소리가 어떻게 전달될까? 이제부터 바다 속으로 들어가보자. 해수면에서 공기가 누르는 압력은 1기압인데, 그렇다면 물속에서는 기압이 어떻게 변할까? 땅 위에 공기의 압력인 기압(氣壓)이 있다면 물속에는 물의 압력인 수압(水壓)이 있다. 물속의 경우, 수심 1미터씩 내려갈 때마다 압력도 약 0.1기압씩 증가한다. 그래서 해수면에서는 1기압이고, 수심 1미터에서는 1.1기압, 수심 10미터에서는 2기압, 수심 100미터에서는 11기압이 되는 것이다.

우리가 목욕탕에서 물속에 들어갔을 때를 한번 생각해보자. 탕 속에 들어가 앉으면 우리 몸은 적어도 0.5미터 깊이의 물속에 있는 것과 같다. 이때 우리 몸에 미치는 기압은 1.05기압이다. 기압이 이 정도만 변해도 우리의 몸은 숨 쉬기에 약간 답답함을 느낀다. 폐가 압박을 받기 때문이다. 우리가 깊고 깊은 바다 속에 있다면 몸속의 폐가 얼마나 압박을 받을지, 또 얼마나 답답함을 느끼게 될지 상상할 수 있을 것이다. 물론 구체적으로는 실감하기 어려울 수도 있다.

우리나라 동해의 수심은 깊은 곳이 약 2천 미터 정도이고, 밑바닥인 해저에는 약 201기압의 수압이 작용하고 있다. 그런데 흥미롭게도 대기 속의 공기와는 달리, 물의 밀도는 수심에 따라 거의 일정한 값을 갖는다. 또한 수심이 깊을수록 물의 탄성은 뛰어나다. 따라서 심해에서의 소리파동의

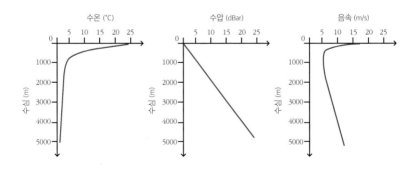

수심과 수온, 수압, 음속과의 관계

속력은 물의 탄성률에 따라 변하기 때문에 속력도 수심이 깊을수록 빨라지게 된다.

바다에서 소리파동의 속력에 더 큰 영향을 주는 것은 수온의 변화이다. 수온의 변화가 큰 해수면 근처에서는 수심 증가에 따른 수온이 낮아짐에 따라 음속은 느려진다. 수온이 일정한 약 300미터 깊이부터 해저까지는 압력의 영향으로 음속이 다시 빨라진다.

바다 속에는 음속이 최소가 되는 수심이 있다. 사람들은 이 지점을 이용하여 음파를 먼 거리까지 전달한다. 이를 '심

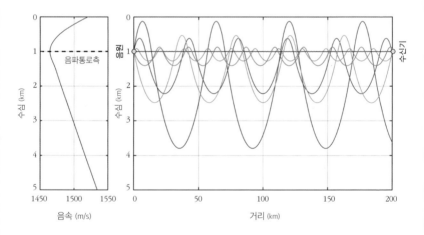

태평양 심해음파통로

해음파통로수심'이라 한다. 수중에서 음파가 먼 거리까지 원활하게 전달되는 것도 바로 이 음파통로 때문이다. 동해의 경우 음파통로 수심은 대략 350미터인 데 반해, 태평양의 경우는 무려 1천 미터이다. 해양동물들도 이 음파통로를 자기들끼리 소통하는 데 이용한다. 고래가 수백 킬로미터나 멀리 떨어진 곳에서도 서로서로 소리를 들을 수 있는 것은 이 음파통로 덕분이다. 뿐만 아니라 해저에서 발생하는 수중 폭발음이나 해저 핵실험, 해저지진 소음 등도 바로 이 음파통로를 통해 먼 거리까지 전달될 수 있다.

02_ 바닷가의 소리 풍경

공기방울 소리의 과학

    우리 주변에는 수없이 많은 공기방울이 있다. 특히 물이 있는 곳이면 어디서든 쉽게 공기방울을 볼 수 있다. 사람들이 즐기는 탄산수, 갈증을 식히는 맥주, 끓는 물에서도 공기방울이 만들어진다. 물론 흐르는 개울의 경우에도 예외는 없다. 세차게 내리꽂는 폭포에도, 태초부터 지금까지 쉼 없이 요동치는 파도에도 공기방울은 다양한 형태로 모습을 드러내는 등 눈을 조금만 돌려봐도 곳곳의 공기방울을 만날 수 있다.

    공기방울의 특성 중 하나는 탄성이 좋고 특정한 소리를 낸다는 점이다. 일단 물속에 공기방울이 생기면 숨 쉬듯이 공기방울이 커졌다 작아졌다를 반복하는 진동이 나타나고, 진동의 크기에 따라 서로 다른 소리를 들려준다. 이를 간단한 식으로 표시하면 f=3.3/a이 성립된다. 이때 f는 공기방울이 내는 소리의 진동수, a는 공기방울의 반지름이다. 진동수는 왕복운동을 하는 물체가 일정 시간 동안 반복한 횟수다. 옛날에 사용하던 괘종시계가 좋은 예인데, 이 괘종시계의 시계추는 왕복운동이 어떤 것인지 실생활에서 잘 보여준다. 2초에 한 번 왕복운동을 하는 시계추라면 1초 동안 행해진 진동수는 2번이다.

앞서 보았듯이 파동도 왕복운동을 하기 때문에 그 진동수를 알 수 있다. 이때 사용되는 단위는 전자기파를 처음 발견한 독일 과학자의 이름을 따서 '헤르츠'라 부르고, Hz로 단위 표시를 한다. 공기방울 진동수 식에 따르면 반지름 1밀리미터의 작은 공기방울이 발생시키는 진동수는 약 3.3킬로헤르츠(kHz)에 이른다. 초당 3300번 진동하는 소리가 발생하는 것이다.

그런데 우리가 궁금한 것은 공기방울을 진동시키는 실체이다. 다시 말해 무엇이 공기방울을 진동시키느냐는 것이다. 마치 우리가 숨을 쉴 때 그러하듯, 그 진동은 공기방울

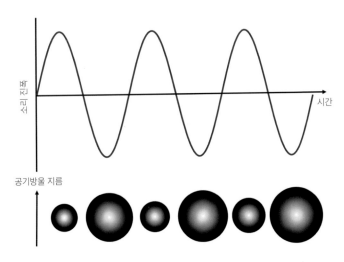

공기방울이 진동하면서 발생시키는 소리파형

이 생기면서 부피진동을 일으키기 때문이다. 흥미로운 점은 공기방울이 내는 소리는 진동수와 반지름에 반비례한다는 것이다. 즉 작은 공기방울이 높은 진동수의 소리를 만들고 큰 공기방울은 거꾸로 낮은 진동수의 소리를 만든다.

과학자들은 바다에 비가 내리면 빗방울이 떨어질 때마다 물속에 일정 크기의 공기방울이 생긴다는 사실을 알아냈다. 그 과정을 조금 더 들여다보면 한층 흥미롭다. 대기 중에 내리는 빗방울(물방울)은 우선 바닷물의 표면에 부딪힌다. 그다음에는 수표면 위의 공기를 물속으로 끌어들여 물속에 공기방울을 만들어낸다. 이때 수표면에 부딪히는 물방울의 크기는 거의 일정하다. 왜냐하면 대기 중의 높은 곳에서 형성된 물방울이 지상으로 떨어질 때 공기마찰을 일으키는 바람이 크기를 일정하게 하여, 떨어질 때의 속력을 거의 비슷하게 만들기 때문이다. 지상에 떨어지는 빗방울의 크기는 반지름이 대략 1밀리미터이고 속력은 4m/s이다. 그런데 빗방울이 바닷물의 표면에 부딪힌 이후는 어떻게 될까? 바다 속에서는 이것이 반지름 0.22밀리미터의 공기방울을 만들어

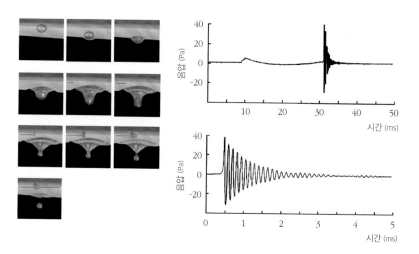

빗방울과 수표면의 충돌로 발생하는 공기방울과 발생 소리

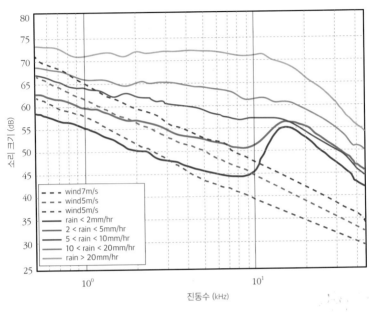

비 올 때 물속에 발생하는 공기방울 소리의 진동수와 크기

(출처 : KIOST 측정자료)

낸다.

빗방울과 수표면의 충돌로 바다 속에 만들어지는 이러한 공기방울은 진동수 15킬로헤르츠의 소리를 발생시킨다. 세심하게 들어보면 '띡, 띡' 하는 고주파 소리이다. 물론 우리 귀엔 거의 들릴까 말까 하는 매우 높은 진동수의 소리이다.

물거품 소리의 정체

더운 여름날, 해수욕장에 가면 '쏴아' 하면서 밀려오는 시원한 파도 소리가 더위에 지친 사람들의 귀를 씻어준다. 이파도 소리는 어떻게 해서 생기는 것일까? 비밀은 파도 거품에 있다. 밀려왔다 밀려가는 파도 거품을 자세히 보면 수많은 공기방울로 이루어진 사실을 알 수 있을 것이다. 파도 소리는 바로 이 공기방울들이 집단적으로 내는 소리이다.

앞서 말했듯이, 공기방울은 크기에 따라 특정한 공진 진동수를 만든다. 파도 거품을 이루는 공기방울의 반지름은 대략 0.1~1.6밀리미터의 분포로 이루어져 있다. 공진 진동수의 분포를 이론적으로 계산하면 공기방울의 크기가 0.1밀

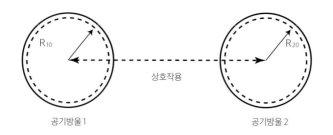

공기방울의 결합진동

리미터일 경우에는 33헤르츠, 1.6밀리미터일 경우에는 2킬로헤르츠의 공진 진동수를 가진다. 하지만 실제로 우리 귀에 들리는 파도 소리의 진동수는 약 700헤르츠 정도이고, 그중 저주파 소리가 아주 강하게 들리는 것이 특징이다. 대체 어떻게 된 것일까? 여기에도 공기방울만의 비밀이 숨겨져 있다. 강한 파도 소리에는 공기방울의 결합진동이라는 오묘한 원리가 감추어져 있는 것이다.

위의 식이 말해주듯 공기방울 하나가 진동할 때는 반지름에 반비례하는 특정 진동수가 발생하지만, 여러 개의 공기방울이 발생하면 각각의 진동들이 서로서로 영향을 주면서 상호 진동수를 늦춘다. 가령 2개의 공기방울이 서로 근접해서 발생하면 그 발생 진동수는 원래의 공진 진동수보다 약 0.7배 내려간다. 결국 공기방울이 많이 만들어지면 그들

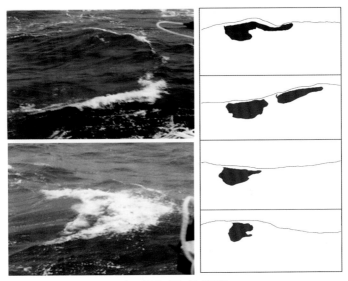

파도 거품을 이루는 공기방울들

간의 결합 진동수는 한층 더 낮아지고, 훨씬 더 많은 공기방울이 한꺼번에 집단적으로 발생하면 그 집단 진동수는 수백 헤르츠까지 낮아지는 것이다. 바닷가에서 우리가 듣는 '쏴아' 하는 파도 소리에는 바로 물속의 공기방울들이 만들어내는, 이런 신비로운 소리의 비밀이 숨겨져 있다.

계곡에서 듣는 폭포수 소리도 마찬가지다. 그런데 폭포수는 파도 소리보다 훨씬 낮게 '푸욱푸욱' 하는 소리로 들린다. 계곡에 발생하는 공기방울의 크기가 파도 소리보다 조금 더 크고, 모양도 일정하지 않기 때문이다. 이는 폭포수의 공기방울들이 한꺼번에 결합되어 나는 소리라고 해도 과언이 아니다. 결국 각각 진동할 때 공기와 물 사이의 경계면이 어떤 모양을 이루면서 진동하는지에 따라 그 소리가 달라지는 것이다.

만일 계곡에서 곧장 쏟아져 내리는 폭포수가 이렇다 할 공기방울 하나 없이 고스란히 물만 떨어지면 어떻게 될까? 그렇다. 전혀 소리가 나지 않을 것이다. 개울가나 폭포 또는 바닷가를 찾았을 때, 물이 흐르고 위에서 아래로 떨어지고 밀려왔다 밀려가는 파도가 보이는데 아무런 소리도 들리지 않을 때가 있다. 이는 물거품(공기방울)이 전혀 없어서 공기

공기방울이 없을 때

공기방울이 있을 때

진도 울돌목의 물거품

방울들이 진동하는 소리 자체가 발생하지 않기 때문이다.

몇 해 전, 이순신 장군을 주인공으로 한 영화 「명량」이 상영된 적이 있다. 이순신 장군이 왜적과의 싸움에서 크게 승리한 '명량해전'을 소재로 하였는데, '명량'은 지금의 진도 울돌목을 말한다. 이 울돌목의 한자어 지명이 '명량(鳴梁)'이며, 소용돌이가 우는 소리처럼 들린다는 뜻이다. 울돌목은 바닷물이 심하게 소용돌이치는 곳으로 유명하다. 이곳에서 나는 소리는 과학적으로 분석하면, 놀랍게도 파도가 내는 소리가 아니라 바닷물이 소용돌이칠 때 많은 물거품이 만들어지면서 나오는 공기방울 소리인 것이다.

스크루의 물거품 소리

유람선을 타고 가다 보면 배 뒤쪽에 생기는, 넓게 퍼지다가 차차 뒤로 밀려나면서 사라지는 물거품을 볼 수 있다. 모두 공기방울인데, 이는 배 뒤에 달린 스크루가 만들어낸 것이다. 스크루는 날개 모양의 판이 회전하며 물을 뒤로 밀어내면서 배를 앞으로 나아가게 하는 장치이다. 이때 생기는 공기방울은 파도나 비가 만들어내는 것보다 크기와 규모가 상대적으로 훨씬 크고 다양하다. 다만 진동수는 낮은 게 특징이다. 폭포수 소리와 비슷하게 스크루 소리도 낮은 진동수의 소리를 만든다.

이렇게 생겨난 소리들이 우리 귀에 들리는 것은 그 소리

해수면의 물거품

가 공기 중으로도 퍼지기 때문이다. 그런데 이 소리는 공기 중에서만이 아니라 물속으로도 강하게 전달된다. 바다의 수중 배경 소음은 이런 소리들이 모인 것이다. 만일 바다 속이 조용하다고 말하는 사람이 있다면, 그 사람은 실제로 바다 속에 한 번도 들어가 보지 않은 사람이다. 비와 바닷물의 표면이 만나는 소리, 파도 소리 그리고 배의 스크루 소리 등 바다 속은 무척 다양한 소리들로 채워진다. 한마디로 바다 속은 소음으로 가득찬 공간이다. 도시에 사는 사람들이 자동차 소리, 말소리, 공장 기계 소리, 각종 음악 소리 등 여러 가지 소리 속에서 생활하고 있듯이 물속에 사는 물고기들도 수많은 소리 속에서 살아가고 있다.

물결파도 소리파동이다

2017년 여름, 해운대 해수욕장에 갑자기 이안류(離岸流, 바다 쪽으로 밀려가는 물 흐름)가 발생하여 사람들이 위험하다는 소식을 듣고 이를 연구하기 위해 그곳 바닷가로 가서 물결파를 측정한 적이 있다. 물결파는 바다 표면에서 발생하는 파도로 크게 두 가지로 구분된다. 하나는 표면장력 물결파동이고, 다른 하나는 중력 물결파동이다.

표면장력 물결파동은 파장이 수 센티미터 이하인 매우 작은 파동이다. 우리가 물 표면에 입으로 훅 하고 바람을 불면 자잘하고 파장이 작은 파동이 빠르게 진동하는 것을 볼 수 있다. 이것이 '표면장력 물결파동'이다. 다만 표면장력 물

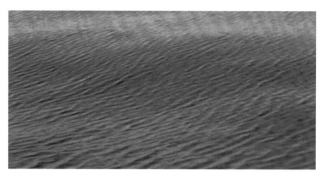

표면장력 물결파

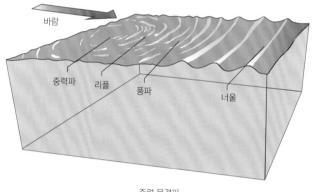

바람

중력파 리플 풍파 너울

중력 물결파

결파동은 실제 바다에서는 잘 발생하지 않으며, 파장이 아주 작아 잘 볼 수 없는 파동이기도 하다.

중력 물결파동은 우리가 바다에서 흔히 볼 수 있는 파도이다. 주로 대기 중에 바람이 불 때 해수면에 생기는 파도가

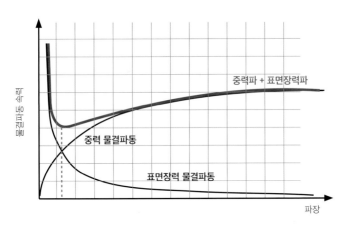

표면장력 물결파동 및 중력 물결파동 비교

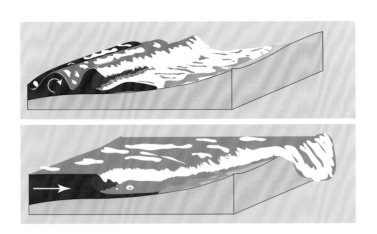

바닷가 해변에 밀려오는 해일성 파도

'중력 물결파'인데, 특징적인 것은 바람이 부는 방향을 따라 진행한다는 점이다.

특히 중력 물결파는 파장이 길수록 물 표면에 발생되는 파도의 진행 속도가 빨라지는 게 특징이다. 먼 바다의 해저에서 지진이 발생하거나 해저화산이 분출하면 해수면이 진

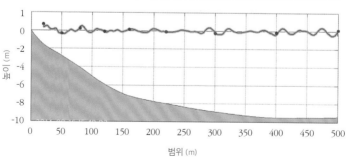

해운대의 물결파동(위) 및 물결파동 관측 결과 그래프

(출처 : KIOST 현장관측 및 분석자료)

동하면서 거대한 파장의 파도가 만들어진다. 그러다가 바닷가까지 매우 빠른 속력으로 다가오는 것이 해일이다. 해일의 전달 속도는 매우 빨라, 파장이 10킬로미터인 중력 물결파는 속력이 약 35km/h에 달한다.

물결파의 특성 중 하나는 물속에 압력 변화를 만든다는 점이다. 우리는 물결파의 압력 변화를 알기 위해 해운대 해저에 물결파 관측센서를 1킬로미터 정도 길게 늘어뜨려서 설치했다. 그와 함께 10개의 센서로 파동의 진행을 관측했다. 이때 사용한 물결파 관측센서는 수중 압력센서였다. 수중 압력센서를 사용하면 저주파수의 압력진동(소리)을 관측할 수 있기 때문이다. 다시 말해 물속에서의 압력 변화(소리)로 물결파의 진동을 관측하기 위함이다. 이를 통해 물결파도 일종의 저주파수의 소리파동의 하나였다는 것을 확인할 수 있었다. 다만 일반적인 소리파동은 종파이지만 물결파는 수표면 파동으로서 횡파의 특징을 가진다는 점이다.

03_ 소리를 내는 해양동물

물고기의 다양한 울음소리

생물 종 다양성의 대명사인 바다에는 온갖 종류의 물고기가 살고 있다. 그리고 각각의 종마다 소통을 위해 고유한 소리를 낸다. 땅 위에 사는 우리는 새가 지저귀는 소리를 흔히 '울음소리'라고 하지만 물고기가 어떤 소리를 내는지는 별로 관심이 없다. 아니, 소리를 내는 물고기가 있는지조차 잘 알지 못한다. 어쩌면 이런 사실을 모르는 것이 당연할지 모른다. 왜냐하면 우리로선 물속에서 살아가는 물고기의 움직임이나 그들이 내는 소리를 들을 수 없고, 물 밖으로 나온 물고기도 살아 있을 수 있는 시간이 아주 짧기 때문이다. 물고기와 평생을 함께하는 어부들은 물고기가 소리를 낸다

전통적 기법인, 대롱으로 민어의 소리를 듣는 모습

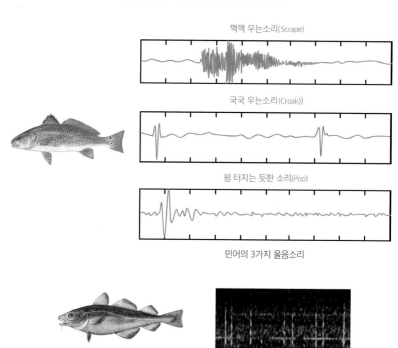

깩깩 우는소리(Scrape)

국국 우는소리(Croak))

펑 터지는 듯한 소리(Pop)

민어의 3가지 울음소리

대구의 부레에서 나는 꾸욱꾸욱 울음소리

는 사실을 알고 있다. 물고기들의 이름에서도 확인할 수 있다. 빠가사리(동자개)나 쥐치의 경우인데, 이 두 종류는 사람이 몸통을 살짝 누르면 '빠가빠가', '찍찍' 하는 소리가 난다고 해서 붙여진 이름이다.

이렇듯 물고기들은 자기만의 소리를 내며 산다. 우리에게 널리 알려진 민어나 조기, 대구 등도 특유의 울음소리를 낸다. 햇빛은 수심 20~30미터 깊이를 넘어서면 거의 도달하지 못한다. 햇빛이 비치지 않는 깊은 수심에서 사는 물고기는 사방이 어두워서 서로를 볼 수 없다. 그런데도 그들은 아주 잘 살고 있다. 각각의 냄새와 고유의 소리로 소통하기 때문이다. 상대방을 눈으로 확인하면서 살아가는 우리들과 달리 냄새와 소리로 서로의 존재를 확인하는 물고기들의 세계는 그래서 더 흥미로울 수 있다.

딱총새우 소리의 비밀

    우리나라 바다에는 수심 100미터 이내에 사는 딱총새우라는 아주 신기한 새우 종류가 살고 있다. '따따따닥' 하는 딱총 소리를 내는 새우여서 붙여진 이름이다. 딱총새우는 한쪽에 큼직한 집게발을 가진 것이 특징인데, 아래 사진을 통해 그 실체를 볼 수 있다.

    딱총새우는 이 큰 집게발을 재빨리 벌렸다 닫을 때 아주 큰 소리를 낸다. 일종의 충격음 같은 것이다. 예전에는 집게발과 집게발이

서해 연안에서 채집된 딱총새우
(출처 : KIOST 음향연구팀)

부딪치면서 이런 소리가 나는 것으로 여겨졌으나, 최근 연구는 딱총새우가 집게발끼리 부딪는 소리로는 그처럼 큰 소리를 내기가 불가능하다는 사실이 밝혀졌다. 그렇다면 그 큰 소리는 어떻게 만들어지는 것일까?

정밀 순간사진 촬영으로 확인한 결과, 딱총새우의 집게발이 닫혔다가 열릴 때 집게발 사이의 오목한 부분에서 미세한 공기방울이 먼지처럼 분사되는 현상과 관계 깊다는 것이 밝혀졌다. 바로 진공 공기방울이 그 핵심이었다. 진공방울은 물속에서 생기는 일종의 공기방울로, 내부가 진공상태로 되어 있다. 하지만 이 진공방울은 너무 불안정해서 생기자마자 금방 터져 다시 물속으로 사라진다. 이때 강한 소리 충격이 발생하는데, 이를 일컬어 캐비테이션(cavitation, 진공방울 파괴 현상)이라고 한다.

딱총새우가 내는 소리의 진동수는 약 3~15킬로헤르츠에

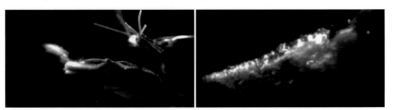

딱총새우의 진공방울 분출 순간(왼쪽)과 진공방울 촬영 사진(오른쪽) (출처 : KIOST 음향연구팀)

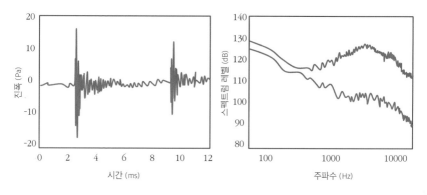

서해에서 관측한 딱총새우 시계열 신호(왼쪽) 및 진동수 스펙트럼
(출처 : KIOST 현장 측정자료)

이를 정도로 고주파 소리이다. 딱총새우는 이런 강력한 진공방울 분출로 가까이에 있는 작은 생물을 기절시켜 자신의 먹이로 삼는다. 우리나라 서해와 남해의 수심은 대략 100미터 이내여서 딱총새우가 살아가기에 알맞다. 수심이 깊은 동해 연안에도 딱총새우류가 살고 있다고 한다. 최근에 우리나라 최남단인 마라도 서남쪽 149킬로미터에 설치한 이어도해양과학기지 주변의 물속에서도 딱총새우 소리가 대거 관측된 바 있다. 서해안이나 남해안의 갯벌에서 물이 빠지는 썰물 때 갯바위의 돌을 들춰보면 딱총새우를 잡을 수 있다.

딱총새우 소리의 원인을 밝히는 연구는 알면 알수록 흥

미롭고도 중요하다. 물속에서 소리를 내면서 살고 있는 새우라는 점도 신기하지만, 그 원인을 규명하면 다양하게 활용할 수 있다. 한 가지 예로 딱총새우 소리의 진동수 범위와 잠수함을 탐지하는 소나(sonar) 진동수와의 유사성을 들 수 있다. 만일 딱총새우에 관한 연구가 좀 더 진행되면, 수중 물체의 실체를 소리로 탐지할 때 겪는 많은 어려움을 덜 수 있을 것이다.

돌고래가 내는 소리

우리나라 동해에도 다양한 돌고래가 살고 있다. 돌고래의 크기는 사람 정도이고, 바다에 살지만 사람처럼 새끼를 낳는 포유류에 속한다. 다음은 우리 바다에서 대표적으로 목격되는 돌고래의 종류와 특성이다.

돌고래도 소리로 의사소통을 한다. 돌고래가 내는 소리는 진동수가 수 킬로헤르츠인 휘슬음(whistle音)과 수십 킬로헤르츠에 이르는 반향정위음(反響定位音)으로 구분할 수 있다. 돌고래의 휘슬음이란 '삐유삐유' 하는 소리로, 숨을 쉬는 코의 피부 진동으로 발생된다. 이빨을 부딪칠 때도 돌고래는 '뜨르륵뜨르륵' 하는 소리를 낸다. 반향정위음이란 소나

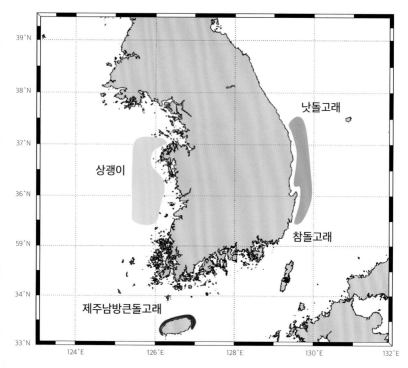

우리 바다에 사는 돌고래 종류 (출처 : 국립수산과학원)

(sonar) 탐지기처럼 소리를 발사시켜 물체에 맞고 되돌아오
는 반향음으로부터 위치를 정한다는 뜻을 가지고 있다. 돌
고래의 반향정위음은 박쥐처럼 물체를 탐지하기 위해 내는
초음파로서, 이마뼈 진동으로 발생된다. 돌고래는 이렇게
발생된 초음파가 물체에 반사되어 되돌아오면 자신의 턱뼈
로 수신한다. 돌고래의 이마는 스피커 역할을 하고, 턱은 마

배경 소음의 주파수 스펙트럼

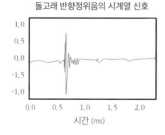

돌고래 반향정위음의 시계열 신호

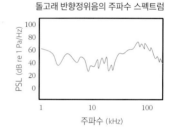

돌고래 반향정위음의 주파수 스펙트럼

돌고래 반향정위음 신호와 주파수 스펙트럼 (출처 : KIOST 현장 측정자료)

이크 역할을 하고 있는 셈이다. 그런데 반향정위음 초음파
는 그 진동수가 20킬로헤르츠 이상이기 때문에 사람들 귀에
는 들리지 않는다. 다만 소리의 길이가 짧고 반복적으로 발
생되는 탓에 실제로 우리의 귀에 들릴 때에는 '틱틱틱틱' 하
는 클릭음으로 들리는 것이다.

돌고래는 초음파로 세상을 본다

돌고래는 박쥐처럼 시력이 좋지 않다. 밤에 활동하는 박쥐와 시야가 불투명한 물속에서 사는 돌고래는 주변을 어떻게 구별할까? 이들은 극한 환경에서 살아가기 위해 초음파라는 고주파 소리를 발생시킨 후 주변 물체에 반사되어 되돌아오는 소리를 받음으로써 물체와 자기와의 거리, 크기 등을 추정하는 기술을 발달시켰다.

돌고래가 발생시킨 펄스(pulse, 매우 짧은 시간 동안 큰 진폭을 내는 전류나 파동) 형태의 초음파는 주변에 있는 다른 수중 물체로부터 반사되어 되돌아온다. 이때 돌고래는 퍼져 나간 초음파가 되돌아오는 시간 차이로부터 거리를 본능적으로

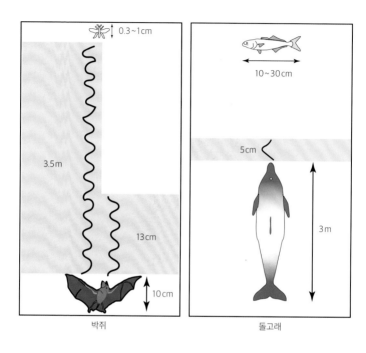

0.3~1cm

10~30cm

3.5m

5cm

13cm

3m

10cm

박쥐

돌고래

능동적으로 소리를 발생시켜 물체를 판단하는 기술

계산하고, 되돌아온 소리의 세기로부터 그 물체의 크기나
종류를 식별한다.

04_ 하늘에는 레이다,
바다 속에는 소나

레이다와 소나의 원리

전쟁영화를 보면 땅이나 배 위에서 멀리 있는 전투기를 추격하는 장면이 나온다. 하늘을 날고 눈에 보이지도 않는 전투기 같은 물체를 탐지하려면 도대체 어떤 기술이 필요한 것일까? 그것은 바로 전파를 이용하는 기술이다. 전파라는 말 대신 전파를 활용한 레이다(radar)란 말이 훨씬 더 친숙할 것이다.

레이다는 전자기파 중 마이크로웨이브(microwave)로 부르는 초단파를 쏜 후, 탐지하려는 물체에 부딪힌 파동이 다시 돌아오는 반사파동을 받아 그 물체가 무엇인지를 알아내는 지향성 안테나 장치이다. 고래나 박쥐가 시력 대신 자기

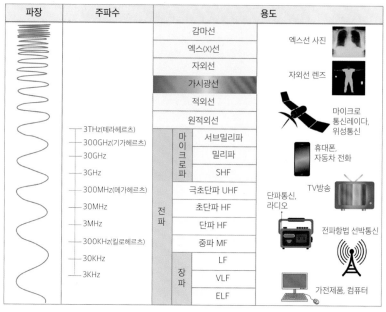

파장	주파수	용도	
		감마선	엑스선 사진
		엑스(X)선	
		자외선	자외선 렌즈
		가시광선	
		적외선	
		원적외선	마이크로 통신레이다, 위성통신
	3THz(테라헤르츠)	마이크로파 / 서브밀리파	
	300GHz(기가헤르츠)	마이크로파 / 밀리파	휴대폰, 자동차 전화
	30GHz	마이크로파 / SHF	
	3GHz	극초단파 UHF	TV방송
	300MHz(메가헤르츠)	전파 / 초단파 HF	단파통신, 라디오
	30MHz	전파 / 단파 HF	
	3MHz	전파 / 중파 MF	전파항법 선박통신
	300KHz(킬로헤르츠)	장파 / LF	
	30KHz	장파 / VLF	가전제품, 컴퓨터
	3KHz	장파 / ELF	

레이다 주파수

몸에서 나오는 초음파를 이용하여 주변 환경을 식별하는 것과 비슷한 원리를 지닌 장치이다. 전파는 빛의 속도로 움직인다. 1초에 30만 킬로미터까지 도달할 수 있다. 한마디로 똑딱 하는 순간 지구 표면의 7바퀴 반을 돌 정도로 빠른 것이 전파이다.

이렇게 빠른 전파를 이용하는 레이다는 탐지 시간이 무척 빠르며, 목표로 하는 물체로부터 반사된 전파의 수신 속

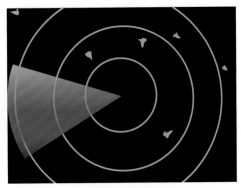
반사파 분석에 의한 레이다 표시 화면

력 또한 빠를 수밖에 없다. 따라서 레이다에서 방사(放射)하는 전파의 송수신에 걸리는 시간 차이와 수신 전파의 강도를 분석하면, 목표로 하는 물체와의 거리 그리고 그 물체의 크기 등을 자세히 판별해낼 수 있다.

그런데 공기 중이 아니라 물속이라면 어떠할까? 레이다에 활용된 것과 같은 전파를 물속에 투과시키면 불과 몇백 미터도 가지 못한다. 왜냐하면 전파의 대부분이 물에 흡수되어 에너지가 소멸되기 때문이다. 레이다의 전파를 왜 물속에서는 잘 이용할 수 없는 것일까? 물 분자는 H_2O, 즉 수소와 산소 원자로 이루어져 있다. 그중 수소 원자는 양전하를 띠고 있는 데 반해, 산소 원자는 반대로 음전하를 띤다.

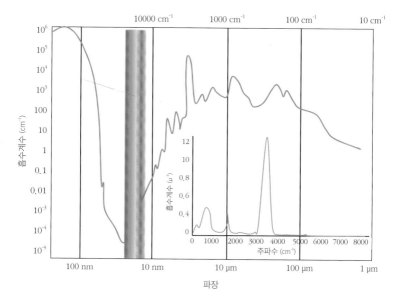

바다 속 전파의 흡수 그래프

이와 같은 극성(極性) 분자는 전자기파의 전기장이 양과 음으로 진동할 때 양과 음의 방향이 서로 뒤바뀌면서 매우 빠르게 회전한다. 바로 이때 분자들끼리 서로 밀고 당기고 충돌하면서 전파에너지가 열에너지로 바뀌며 점점 흡수된다. 우리가 실생활에서 사용하는 전자레인지도 바로 이런 원리로 만들어진 것이다.

같은 전파에너지라 하더라도 청색을 띠는 전파(청색레이저)는 물속에서 다른 파장에 비해 상대적으로 흡수가 적어

좀 더 멀리까지 나아갈 수 있다. 그러나 다만, 최대 1킬로미터 정도 더 나아갈 뿐이다. 하지만 그것이 공기 중이 아닌 물속이라는 점을 감안하면 사정은 매우 다르다. 그 역시 대단한 차이가 아닐 수 없다.

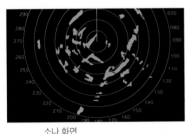
소나 화면

따라서 물속에서는 공기 중의 레이다와 같은 역할을 하는, 다른 장치가 필요하다. 그래서 개발된 것이 음파(소리파동)를 이용한 소나(sonar)이다. 소나를 음파레이다라고 부르는 이유도 여기에 있다.

물속에서 활용되는 소나는 작동할 때 사각 형태의 펄스 파형의 소리파동을 만들고 이를 사방으로 보낸 뒤 해당 물체에 부딪혀 다시 돌아오는 소리를 받는다. 소나는 돌아오는 소리를 통해 물체를 판별하는 장치이다. 앞서 말한 레이다처럼 소나는 전파가 아닌 소리파동을 토대로 물체와의 거리, 물체의 크기 등을 감지해낸다.

소리로 바다 깊이를 재다

앞서 잠깐 언급했듯이, 물속에서는 전파 흡수가 강해서 레이다와 같은 전파를 쓸 수 없다. 그 대신 음파를 이용한다. 배에 소나를 부착하여 음파를 수직 아래로 방사하면 해저 바닥면으로부터 반사되는 소리를 들을 수 있다. 이 같은 소나의 원리를 활용해 물의 표면과 해저 바닥면 사이의 거리를 측량할 수 있는데, 바다의 깊이를 재는 기계를 일컬어 '음향측심기'라고 한다. 음향측심기로부터 나오는 저주파의 낮은 소리를 이용하면 깊은 수심(~수천 미터)을 잴 수 있고, 고주파의 높은 소리를 사용하면 낮은 수심(~수백 미터)을 한층 더 자세히 측정할 수 있다. 저주파 소리는 물에 덜 흡수

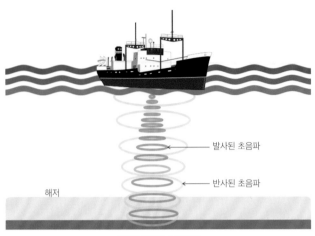

발사된 초음파

반사된 초음파

해저

음향측심기의 측정 원리

되어 먼 거리까지 전달될 수 있는데 반해, 고주파 소리는 파
장이 작아 얕은 수심까지도 정밀하게 측정할 수 있기 때문
이다.

　음향측심기로는 해저가 울퉁불퉁한 굴곡 형태라 하더라
도 있는 그대로 측정할 수 있다. 심지어 암초나 해저산 등
이 있는 바닥면도 고스란히 측정이 가능하다. 이 음향측심
기를 이용해 최근 한국해양과학기술원에서는 태평양상의
한 해저에 존재하는 해저산을 세계 최초로 찾아냈다. 그 해
저산에는 처음 발견한 한국해양과학기술원의 영어 약자인
KIOST의 기관명을 따서 'KIOST 해산(seamount)'이란 이름
이 붙었고, 지금은 국제적으로도 널리 불려지고 있다.

KIOST 해산은 미국령인 괌(GAUM)으로부터 동북쪽으로 200마일 떨어진 공해상에 위치하며 주변 수심은 6천 미터에 이른다. 뿐만 아니라 해저 바닥면으로부터의 높이가 약 4천 미터에 이르고, 좌우의 폭은 각각 30킬로미터가 넘을 정도로 거대한 원추형 화산이다. 정상부의 위치는 위도 13도 21분 33초 N, 경도 149도 51분 44초 E에 존재한다. 화산 꼭대기는 해수면으로부터 약 1975미터 아래에 존재한다. 특히 이 해산의 남서쪽 30킬로미터 지점에는 해저분화구인 'KIOST 칼데라(caldera)'도 위치해 있다.

KIOST 해산의 모양

우리나라와 이렇게 멀리 떨어진 곳에서 'KIOST 해산'을 발견할 수 있었던 이유는 무엇일까? 무엇보다 한국해양과학기술원(KIOST)이 만든 국내에서 가장 큰 종합해양연구선 이사부호가 있었기 때문이다. 또 대양을 항해할 수 있는 이사부호에 음향측심기 같은 최첨단 장비가 장착되지 않았다면, 이런 규모의 해산을 찾아낼 수 없었고 해산의 실제적인 모양도 분석할 수 없었을 것이다.

음향측심기의 종류는 기능에 따라 구별된다. 단일빔, 다중빔, 측면주사소나(side scan sonar) 등이 그러하다. 필요에

측면주사소나의 측정 모식도

따라 해양과학자들은 이런 정밀 음향측심기를 적절히 구분하여 사용한다. 최근 들어 우리나라는 이런 장비들의 국산화에 모두 성공하여 해양탐사에 적극 활용하고 있다.

바다 속 해저면 아래 깊은 땅속에는 석유나 천연가스가 존재한다. 그것이 확인되는 곳에서는 해저로부터 분출되어 수중으로 올라오는 가스가 발생한다. 음향측심기는 이 가스를 분석하는 데도 활용된다. 음향측심기를 이용하면 분출되는 가스의 형태도 관찰할 수 있다. 만약 수중에서 방울 형태의 가스가 올라오면, 배에서 방사한 소리파동은 바로 그 가스방울에 부딪힌 후 되돌아온다. 이때 관측자는 가스의 분출 상황을 파악할 수 있다.

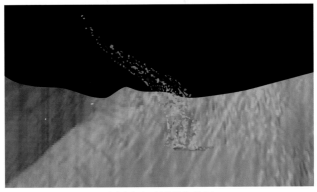

해저면의 가스 분출 형태 개념도

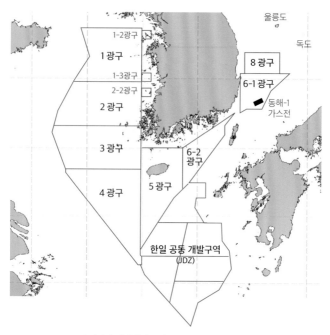

우리나라 해역의 석유 광구도 (출처 : 한국석유공사)

울산과 포항 앞바다의 해저에서 종종 가스층이 관찰되기
도 했다. 이는 우리나라 동남 지역(양산단층 등) 중 포항 지역
의 지진대가 해저 지진대까지 연결되어 있는 탓이다. 우리나
라는 이 해저면의 균열로 분출되는 가스를 관측한 바 있다.

또한 우리나라 주변 바다에는 석유자원이 곳곳에 매장된
것으로 추정되고 있다. 정부에서는 이런 석유자원을 캐기
위해 해저광구를 개발하여, 가스와 석유를 생산하고 있다.

소리로 물고기를 보다

　오래전부터 고기잡이를 해온 어부들은 자신들의 경험적 판단을 중시했다. 즉 어느 계절에 어느 곳에 가면 어떤 물고기가 있으리라는 것을 알았다. 대대로 전해지는 전통적 지식에 따라 물고기를 잡아온 것이다. 그러나 요즘은 과학의 발달로 거의 모든 어선에선 크고 작은 어군탐지기를 바닥에 달고 있다. 어군탐지기의 원리는 앞서 말한 음향측심기와 같다.

　바다 속 물고기들은 대체로 떼를 지어 옮겨 다니는 경향이 크다. 그래서 어군탐지기에서 발생시킨 소리가 물고기 떼에 부딪혀 반사된 뒤 되돌아오면, 이를 통해 물고기 떼의

어군탐지기의 분석 화면

있고 없음을 알아낼 수 있다. 어민들은 바로 이때를 놓치지 않고 어망을 던져 물고기를 잡는 방식을 지금도 고수하고 있다.

이 어군탐지기 분석 화면에서 우리는 물고기로부터 소리가 어떻게 반사되는지를 알 수 있다. 그렇다면 물고기의 몸 어느 부분에서 반사되는 소리가 가장 강할까? 과학자들은 물고기의 피부에서는 소리반사가 거의 발생하지 않고, 공기주머니로 이루어진 부레에서 소리반사가 강하게 일어난 다는 것을 밝혀냈다. 부레는 일종의 공기방울과 같은 것이어서 물속에서는 음파를 강하게 반사 또는 산란시키기 때문이다.

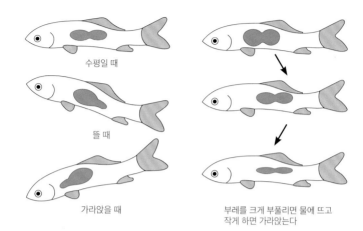

수평일 때

뜰 때

가라앉을 때

부레를 크게 부풀리면 물에 뜨고
작게 하면 가라앉는다

물고기의 부레

고래의 숨 쉬기

어군탐지기를 사용하면 바다 속 거대동물인 고래까지 탐지할 수 있을까? 고래는 물고기가 아닌, 우리 인간과 같은 포유동물에 속한다. 그래서 폐로 숨을 쉬기 때문에 일정한 시간이 지나면 숨을 쉬기 위해 주기적으로 바다 표면 위로 올라와야 한다. 고래는 머리 위쪽의 숨구멍으로 물을 분출하면서 공기를 마신다.

또한 고래는 머리뼈 안에 사람의 폐처럼 생긴 커다란 공기주머니가 있다. 물속으로 방사된 어군탐지기의 소리파동은 바로 이 공기주머니로부터 강한 반사를 일으킨다. 고래

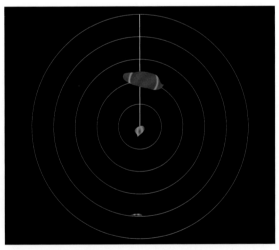

과학어군탐지기의 고래 탐지 개념도

낚시용 미니 음파탐지기의 사용 개념도

의 몸집이 커서 강한 반사가 발생하는 게 아니라 물고기의 부레처럼 몸속에 있는 커다란 공기주머니에서 강한 소리파동의 반사가 일어나는 것이다.

재미난 점은 요즘 들어 낚시꾼들도 아주 작은 크기의 미니 음파탐지기를 사용해서 물고기의 위치를 찾아낸다는 사실이다. 낚싯대를 설치한 뒤 물속에 미니 음파탐지기를 넣고 앞쪽으로 소리파동을 방사하면 멀리 있는 물고기로부터 반사되는 음파를 감지할 수 있다. 이를 통해 낚시꾼들은 물고기의 위치를 대략 파악한다. 즉 음파를 통해 낚시찌를 던질 거리와 위치를 선정하게 되는 것이다. 이런 방식을 활용

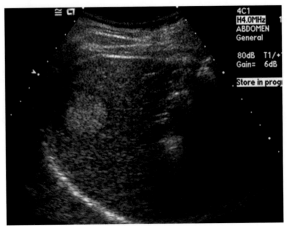
복부 초음파 영상 예시

하면 물고기를 잡을 확률도 자연히 올라갈 것이다.

음파탐지기가 꼭 바다에서만 사용되는 것은 아니다. 건강검진을 할 때 병원에서는 음파의 성질을 이용해 피검진자의 증상이나 상태를 살핀다. 위 사진은 병원에서 하고 있는 '초음파 검사'로 배를 촬영한 것이다. 여기서도 음파탐지기와 같은 원리가 적용된다. 초음파를 이용하면 뱃속의 각종 장기의 형태를 볼 수 있다. 어디에 암 세포가 있는지 없는지도 판별해낼 수 있다. 산부인과에서는 태어날 아기의 건강 상태도 확인할 수 있는데, 이는 음파를 활용한 태아 초음파 장비의 도움 때문이다.

소리로 바다 속을 촬영하다

병원에는 CT 장비도 있다. 커다란 통 속에 사람이 들어가면 컴퓨터 화면상에 사람 몸의 단면이 부분별로 촬영될 수 있도록 제작된 첨단 장비다. CT의 원래 이름은 컴퓨터 토모그래피(Computer Tomography)로, 컴퓨터단층촬영이란 뜻이다. 생일날, 케이크나 떡의 단면을 보려면 칼이 필요하다. 칼로 잘라낸 면을 통해 우리는 어떤 형태의 케이크나 떡인지 알 수 있다. 그런데 단층촬영 장비를 이용하면 자르지 않고도 각각의 중간 단면의 생김새를 알 수 있다. CT에서 이용하는 것이 바로 X-ray 전파다.

바다에서도 이런 기술이 활용된다. 바로 '음향 토모그래

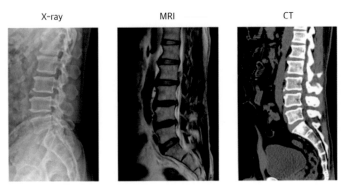

우리 몸의 단면을 보여주는 컴퓨터단층촬영 화면

피'라는 것이다. 소리파동을 이용하는 기술로서, 먼 거리까지 전달되는 소리의 속력 차이를 이용하여 물속의 수온을 추정할 수 있는 원리이다. 수학적으로는 역산기법(inverse method)이라고도 한다. 바다를 수직으로 자를 때 나타나는 단면상에서 수온이나 해류의 모양을 알아내는 것이다.

다만 차이가 있다면 바다에선 전파가 아닌 음파를 사용한다는 점이다. 먼 거리까지 전달하려면 물에 의한 흡수가 적어야 하는데, 전파는 흡수가 커서 사용할 수 없고 저주파 소리파동이 흡수가 약해 먼 거리까지 잘 전달된다. 한 예로 동해의 울릉도 앞바다 물속에서 소리파동을 발생시켜 독도 앞바다에서 이를 수신하면 그 사이에서 일어나는 수온 변화

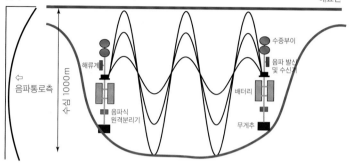

음향 토모그래피의 원리 (출처 : KIOST)

나 해류 변화에 따른 소리파동의 도달 시간이 변하는 것을 알 수 있는데, 바로 여기서 수온이나 해류의 변화를 추정할 수 있는 것이다. 이처럼 소리파동을 이용하면 바다의 수온이나 해류의 움직임까지 간파할 수 있다.

이를 이용하여 과학자들은 국경을 초월해 태평양의 수온 변화를 한층 큰 규모로 관측하기 위한 연구를 진행하고 있다. 태평양의 수온 변화를 전체적으로 알면 엘니뇨나 라니냐의 변화를 일상적으로 관측할 수 있고, 이를 바탕으로 우리나라를 비롯한 태평양 연안국들의 기후 변화도 예측할 수 있다.

기후 변화는 육지뿐 아니라 바다에서도 매우 중요하다.

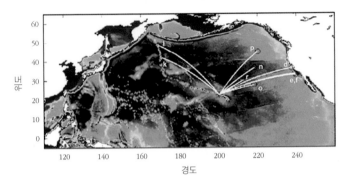

음향 토모그래피를 활용한 태평양 수온의 측정
(출처 : WIKIPEDIA Ocean Acoustic Tomography)

지구의 70퍼센트 이상이 물이고, 그 물의 열용량(熱容量) 또한 커서 바닷물 수온의 작은 변화가 세계적 규모로 큰 기후 변화를 일으키기 때문이다. 소리파동의 기술은 점점 더 다양하게 활용되고 있고, 전 세계 기후 변화 연구에도 크게 기여하고 있는 추세이다.

소리파동을 이용한 기술은 바다 속의 깊이를 재거나, 물고기 떼를 확인하거나, 수온이나 해류의 측정에만 활용되는 것은 아니다. 소리는 암석과 같은 고체를 통과할 때에도 탄성파가 되어 지구 속까지 전달된다. 그래서 이를 이용하면 지구 내부의 구조까지 대략 추정할 수 있다. 보통 육지에서는 땅 표면에 탄성파발생기를 설치하고 땅속으로 탄성파(소

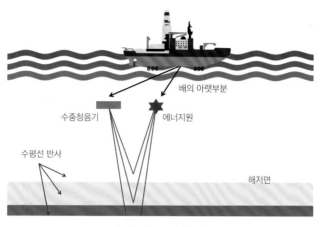

배의 아랫부분

수중청음기   에너지원

수평선 반사

해저면

지구 탄성파 탐사 개략도

리파동)를 방사한 뒤 지구의 다른 위치에서 그 소리를 수신할 수 있다. 이를 근거로 소리파동의 도달 시간으로부터 지구 속의 밀도 구조까지 알아낼 수 있다.

바다를 주 무대로 연구하는 해양조사선에서도 탄성파탐사기를 사용한다. 배 뒤편에 에어건(air gun)이라는 소리파동 발생기를 끌면서 강한 저주파 소리파동을 발생하면, 그 소리파동이 물속을 지나 해저면까지 투과한 후 해저면 땅속의 여러 부분들에서 반사되면서 다시 해저면을 뚫고 센서로 되돌아온다. 이를 이용하면 해저 아래에 놓인 지층의 구조를 추정할 수 있다. 이것이 바로 일종의 음향 토모그래피 기술인 것이다.

05_ 바다 속에서 통신하기

땅에서는 전파통신,
물속에서는 소리통신

　지금의 휴대폰과는 달리, 예전에 나온 전화기의 송수화기는 반드시 본체와 선으로 연결되어 있었다. 그래서 전화를 하거나 받으려면 꼭 전화기가 있는 곳으로 가야만 했다. 요즘은 무선통신이 대세다. 선을 없앰으로써 세계 어디서든 통화를 할 수 있게 된 시대이다. 한 걸음 더 나아가 휴대폰이 LTE 또는 WiFi라는 무선 전파통신으로 연결되어 사람들은 자신의 목소리뿐 아니라 각종 정보까지 주고받고 있다. 도대체 선이 있는 유선통신과 선이 없는 무선통신 사이엔 어떤 차이가 있는 것일까? 소리와 각종 정보를 송수신하는 유선통신은 전기선이나 광(光) 통신선을 이용하고, 무선통신

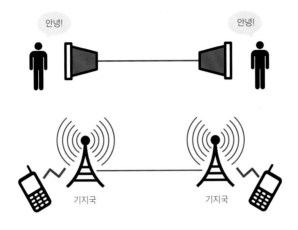

휴대폰의 무선 전파통신 개념도

은 안테나로 전파를 공중으로 쏘아 올려서 활용한다. 여기서 중요한 것은 무선통신을 하더라도 육상에서는 전파를 사용해야 한다는 점이다.

요즘 출시되는 휴대폰에는 방수 기능이 있다. 그렇다면 이런 휴대폰은 물속에서도 전파를 전달할 수 있는 것일까? 만약 그것이 가능하다면 어느 정도 깊이까지 전파를 전달할 수 있을까? 실험 결과, 약 수십 센티미터까지는 전파가 물속을 통과할 수 있어 휴대폰으로도 통신이 가능하다. 그러나 수 미터 이상의 깊이에서는 휴대폰 전파 자체가 물에 흡수되어 더 이상의 통신은 불가능하다.

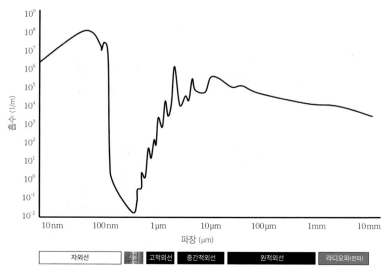

과연 물속에서는 전혀 통신을 할 수 없을까? 그렇지 않다. 잠수함에서는 통신을 이용한다. 그렇다면 물속에서는 도대체 어떤 방법으로 통신을 하는 것일까? 앞서 말했듯이 물속에 흡수될 수밖에 없는 전파는 이용할 수 없다. 그 대신 음파를 이용하면 된다. 왜냐하면 소리파동은 소나처럼 반향(反響)을 이용해 사물의 형체를 알아내는 데 쓸 수 있기 때문이다. 전파 대신 음파를 이용하면 육지에서 전화를 하듯 수중 통신용으로 사용할 수도 있는 것이다. 물속에서는 소리파동이 잘 전달되므로 소리파동에 정보를 실어 보내면 받는

곳에서 정보를 분리하면 된다. 정보 분리를 통해 음성이나 영상, 문자 정보 등을 받을 수 있다.

수중통신을 이용하는 사람들은 육지에서 사용하는 무선 전파통신과 다른 점을 별로 느끼지 못하겠지만, 그 전달 과정에서 이용되는 것이 음파라는 점이 다르다. 물론 전파에 비해 음파는 전달 효율이 아주 낮다. 수중에서의 전달 속도가 전파에 비해 매우 느리고 직진성이 약해, 해수면과 해저면에 부딪혀 흩어지면서 전달되기 때문이다. 그래도 아직은 다른 수단이 개발되지 않아서, 앞으로도 계속 음파를 이용한 수중 무선 음파통신의 기술 발달이 시도될 것이라 예상된다.

수중 무선 음파통신의 원리와 개념도

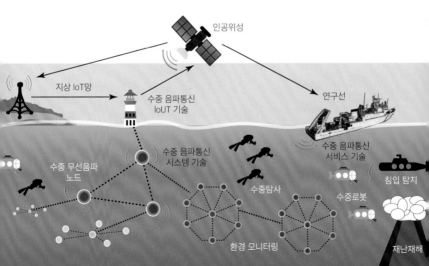

물속에서 대화는 어떻게?

요즘은 사람들이 여름철에만 수영을 즐기진 않는다. 도심 곳곳에도 실내 수영장이 있어서 사시사철 수영을 할 수 있고, 특히 나이가 좀 있는 어르신들에게는 건강을 위한 전신운동으로 수영이 적극 권장되고 있다. 그런데 수영을 할 때 물속에 잠수하면, 수압 때문에 귀가 멍해지면서 물속의 각종 소리들이 들리는 것을 경험하곤 한다. 소리파동은 탄성이 좋은 매질에서 속력이 증가하고, 그에 따른 소리의 세기도 커지기 때문이다. 그래서 물속에서는 오히려 물소리를 비롯해 공기 중에서 떠드는 사람의 목소리도 잘 들린다.

그에 반해 물속에서 발생된 소리는 공기 중으로는 잘 전

귀로 물 속 소리 듣기

달되지 않는다. 공기가 물에 비해 탄성 정도가 약한 탓이다. 많은 사람들이 기찻길에서 기차가 오는지 오지 않는지 알아보기 위해 자신의 귀를 철로(쇠)에 대어본 적이 있을 것이다. 눈에는 보이지도 않고, 공기 중에서도 잘 들리지 않는 기차바퀴의 진동 소리가 철로에 귀를 대면 신기하게도 잘 들렸을 것이다. 이 역시 소리를 전달하는 매질의 특징 때문에 들리는 것이다. 쇠로 만들어진 철로가 공기보다 탄성이 훨씬 좋아서 멀리에 있는 기차의 소리도 철로를 통해 전달해주는 것이다.

그러나 물속 깊이 들어가면 귀에 수압이 크게 작용하여 고막이 터질 수 있다. 또한 물속에서는 입으로 말을 할 수 없다. 그래서 잠수부는 우주비행사가 쓰는 것과 비슷하게 생긴 수중호흡기를 얼굴에 써야 물속으로 들어갈 수 있다. 물속에 들어간 잠수부가 물 위에 떠 있는 배와 대화하려면 배와 연결된 호흡기 호스를 사용해야 한다. 이것을 SSDS(Surface Supply Diving System, 표면공기공급장치)라고 한다. 물속 사람과 물 바깥의 사람은 이 호흡기 호스를 통해 목소리를 전달할 수 있고, 서로 음성대화를 할 수 있다. 게다가 호흡기 호스 안에 통신선을 같이 넣어서 전기적으로도 음성통신을 할 수 있다. 물속 잠수부는 물 밖에서는 보이지 않는다. 갑자기 사고라도 나면 곧장 대처할 수가 없다. 그 때문에 호흡기 호스를 이용한 대화는 매우 중요한 역할을 한다.

호흡기 호스를 단 잠수부

그러나 스킨스쿠버처럼 공기통을 등에 매달고 독자적으로 활동하는 잠수부들은 배와 통신을 할 수 없다. 물속에서 긴급한 사고가 발생하면 매우 위험해지는 것이다. 이 같은 위험을 막기 위해 잠수부는 항상 두 사람이 함께 물에 들어가는 것이 원

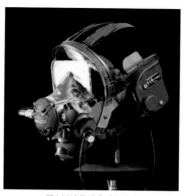
잠수부의 무선 음성통신기

칙이다. 물속에서는 잠수부들이 서로 손짓으로 소통한다. 최근에는 휴대용 수중 무선 음파통신기를 잠수헤드에 설치하여 상호 간에 무선으로 음성통신도 직접 할 수 있다. 이런 음성통신을 가능하게 해주는 것이 수중 무선 음파통신이다.

물속에서 우리나라 바다를 지키는 잠수함과 수상함(水上艦, 물 위에 떠 있는 군함)은 서로 어떻게 통신하고 있을까? 갖가지 통신 기술이 있지만, 가장 간단한 것은 무선 음성통신이다. 군함에서 물속의 수중스피커를 통해 음성신호를 쏘면 잠수함에서 수중마이크를 통해 음성을 청취하는 방식이다. 마찬가지로 잠수함에서도 물속에서 음성신호를 수중스피커를 통해 무선으로 만들어 보내면 물 위에 떠 있는 군함에서

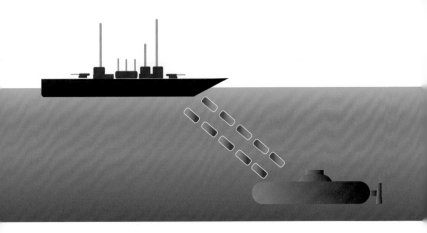

잠수함과 수상함 사이의 무선 음성통신 개략도

물속에 설치한 수중마이크를 통해 그 음성신호를 받는다. 가장 간단하고 원시적인 방법이지만, 효율이 뛰어나고 언제든 사용할 수 있어서 최근까지 널리 쓰이고 있다. 하지만 물속의 다른 잠수함이나 군함에서도 소리를 도청할 수 있기 때문에 아주 긴급한 경우에만 사용하고 있다. 게다가 도달거리가 수 킬로미터 이내의 짧은 거리밖에 되지 않는다는 점도 단점으로 꼽힌다.

과학자들은 예전부터 대형 고래가 물속에서 먼 거리 음성통신을 한다고 생각해왔다. 최근 연구 결과, 고래가 매우 낮은 진동수의 소리를 내면 우리 눈에는 보이지 않지만 물속에 자연적으로 만들어져 있는 음파통로를 따라 그 소리가

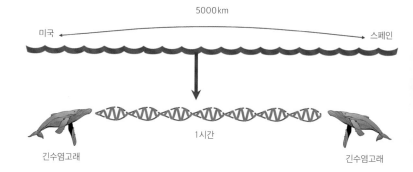

고래의 먼 거리 음성통신 개념도

멀리까지 전달된다는 것을 알았고, 먼 거리에 떨어져 있는 고래끼리도 서로 소리를 통해 대화한다는 것을 밝혀냈다. 해양생물학자들은 대형 고래가 먼 거리를 이동하기 때문에 같은 종류의 고래들이 어디서 유영하고 있는지를 알기 위해 이런 장거리 음성통신을 하고 있는 것으로 추정하고 있다.

잠수함의 비밀통신 미래 기술

잠수함은 물속에서 활동하는 배다. 공기 중의 빛은 바다 속 수십 미터 이상 투과할 수 없어 잠수함이 활동하는 물속은 항상 어둡다. 이렇게 어둠 속에서 활동하는 까닭에 2대의 잠수함이 물속에 근접해 있어도 서로 알기가 어렵다. 자칫 부딪칠 수도 있지만, 이를 막아주는 것이 소리다. 쉽진 않지만 잠수함끼리는 서로의 소음을 듣고 위치를 추정하거나 소나를 이용하여 상대방 잠수함의 존재를 짐작할 뿐이다. 물론 그것도 아주 가까운 거리에 있을 때나 가능하다. 서로 수십 킬로미터 이상 떨어지면 잠수함 간의 소통은 불가능하고, 심지어 잠수함이 있는지조차 알아내기 어렵다.

추진기 소음

적 잠수함

잠수함
수동소나

잠수함 간의 소음 탐지 경쟁

소리를 이용하지 못하면 물속 세계는 아무리 가까이 있어도 눈뜬장님인 셈이다.

물속에서 멀리 떨어진 잠수함끼리 통신하려면 직접적인 무선 음성통신보다 수중 무선 음파통신을 활용해야 한다. 무선 음성통신은 무선으로 수중마이크를 통해 음성신호를 직접 물속에서 보내 공기 중에서 우리 귀로 소리를 청취하듯 듣는 방식이다. 수중 무선 음파통신도 대기 중 전파통신처럼 전송하는 소리파동에 음성을 실어서 보낸다. 이러한 방식은 코딩을 어떻게 하느냐에 따라 신호를 싣는 방식이 복잡하게 달라진다. 설령 도청이 되더라도 그 신호를 추출하기 어렵게 하기 위해서이다.

하지만 잠수함에서는 서로 소리파동을 발생시켜야 하기

때문에 상대방에겐 소리를 내는 쪽의 위치를 항상 노출시킬 수밖에 없는 위험이 따른다. 잠수함이 물속에 들어간 이후부터 가급적 소리도 내지 않고 움직이는 이유가 여기에 있다. 전쟁 중이라면 훨씬 더 은밀히 움직여야 한다. 소리는 상대 잠수함이 어디에 있는지를 알아내는 중요한 요체다. 아무리 소리를 낮추고 움직인다 하더라도 잠수함 자체로는 움직일 때 나는 소음을 막을 수 없다. 잠수함이 발각되는 것도 바로 이런 소음 탓이다. 물론 자신의 정체가 드러나기를 바라는 잠수함은 없을 것이다. 이런 이유로 잠수함 개발 기술은 자체 소음을 최소한 작게 만드는 쪽으로 발전하고 있다. 최근에는 잠수함 자체로부터 나는 소음이 갈수록 작아지고 있어 잠수함 탐지가 점점 더 어려워지고 있고, 이에 따

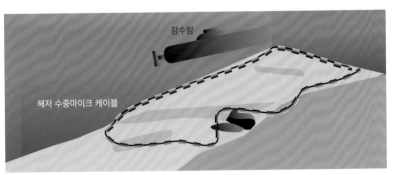

잠수함 소음을 관측하는 해저 수중마이크 케이블

라 잠수함 탐지 기술에 대한 연구도 첨단화하고 있다.

갈수록 은밀하고 조용하게 움직이는 잠수함을 탐지하려면 어떤 기술이 필요할까? 세계 곳곳의 과학자들은 잠수함의 소음을 듣고 그 잠수함의 위치를 알아내는 최신 기술을 연구 중이다. 그 기술을 시역전(time-reversal) 위치추적 기술이라고 한다. 어려운 용어처럼 들리지만, 쉽게 말해 어떤 소리가 어떨 때 들리는지 탐정처럼 찾아내는 기술이다. 우리는 친구와 휴대폰으로 통화를 할 때 그 친구가 어디에 있는지 알아내기도 한다. 친구가 목욕탕이나 지하철 같은 특정한 장소에 있다면 더 알아내기 쉬운데, 그것은 우리가 그러한 장소에 있을 때 소리가 어떻게 나는지 기억하고 있기 때문이다.

시역전 위치추적 기술도 이것과 비슷하다고 생각하면 된다. 내가 찾은 잠수함 소음이 어떤 환경에 있을 때 들리는지 알아내는 것이다. 이때 말하는 환경은 물속 환경을 일컫는데, 앞 장에서 살폈듯이 물속에서의 소리는 수온 등에 따라 다르게 들리기 때문에 무엇보다 세밀히 파악해야 한다. 궁극적으로 수학적 모델링을 통해 잠수함의 위치를 추정하는 것이 최근 이루어지고 있는 고급 기술이다. 그런데 한 가지

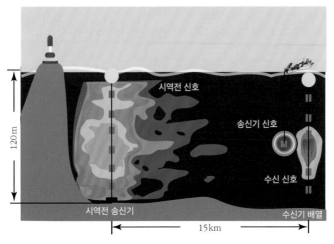

시역전 잠수함 위치추적 기술 개요도

유의할 점이 있다. 이런 기술이 이론적으로는 확립되어 있으나, 실제 잠수함을 추적하는 데에는 아직 사용되고 있지 않은 기술이란 점이다. 물론 미래에는 이런 기술들이 실제로 적용될 것이고, 그 효과 또한 클 것이라 예측된다.

이 기술을 좀 더 응용해보면 어떻게 될까? 태권도에서 겨루기를 할 때 약속 대련이라는 것이 있다. 남이 보면 마치 치열한 공격과 방어가 자연스럽게 보이지만, 대련에 임한 선수끼리는 상대방이 어떻게 공격해올 것인지, 그리고 어떤 방식으로 방어할 것인지를 안다. 이렇듯 시역전 잠수함 위치추적 기술을 이용하면 약속한 잠수함끼리 통신이 가능 한

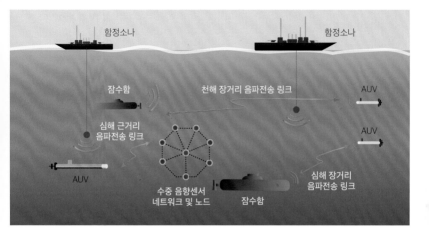

물속 무선 음파통신을 위한 다양한 방법들

비밀 보안통신을 할 수 있다. 미리 정해둔 저주파수의 소리를 발생시켜 서로 그 소리를 수신한 다음, 시역전시킨 신호를 다시 방사하면 주변에는 그 소리가 잡히지 않고 두 잠수함끼리만 소리가 집중되는 기술이다. 이 기술은 현재 한국해양과학기술원에서 개발 중인 기술로서, 아직 전 세계적으로도 연구가 많이 진행되지 않은 분야이기도 하다. 하지만 앞으로도 잠수함 활동은 갈수록 증가할 추세이기 때문에 미래에는 이 기술이 필수적인 비밀통신 방식으로 자리 잡을 수 있을 것이라 확신한다.

침몰선 내부의 사람 소리를 듣다

육지와 달리 바다의 해수면은 날씨에 따라 항상 요동친다. 따라서 해수면에서 활동하는 각종 어선이나 유람선, 여객선 등도 활동이 제한될 수밖에 없다. 특히 삼면이 바다인 우리나라는 어로활동이 적지 않게 이뤄지고, 수많은 선박과 여객선들이 바다를 누빈다. 그 때문에 매년 크고 작은 선박 침몰 사고도 끊이지 않고 발생한다. 최근 '세월호 참사'처럼 대형여객선 사고가 생겨 전 국민에게 통한의 눈물을 흘리게 한 사고도 그중 하나다.

배는 어떤 상황이 되면 침몰하는 것일까? 보통 배의 무게중심은 아래쪽에 있다. 그래서 배의 무게중심이 위쪽으로

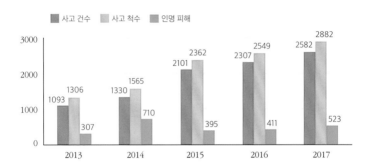

우리나라의 연간 선박 사고 및 인명 피해 통계(출처 : KOSIS 해양수산부)

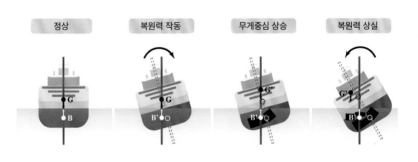

(가) 평상시에는 무게중심(G)이 부심(B)과 평형을 이루고 있다.

(나) 배가 한쪽으로 기울면 새로운 부심(B)이 형성돼 배를 원위치시키려는 복원력이 생긴다.

(다) 화물이 한쪽으로 쏠리거나 갑판에 객실을 증축하면 무게중심이 상승한다.

(라) 무게중심(G)이 왼쪽으로 더 이동해 부심(B)보다 바깥쪽에 위치하면 배가 복원력을 잃고 급격히 기울기 시작한다.

선박 전복 침몰 이유 및 개념도

이동하면 배는 침몰하게 된다. 배가 뒤집힌 상태로 물속으로 침몰하는 것은 그래서이다. 침몰 순간이나 침몰 후 '에어포켓(air pocket)' 등의 효과로 잠시 동안 배는 수면 또는 수중에 떠 있을 수 있다. 그러다가 시간이 지나면서 배는 완전히 침몰하여 해저로 가라앉는다.

이 에어포켓 덕분에 침몰 사고 초기에는 배 안에 사람이 살아 있을 가능성이 있다. 한국해양과학기술원은 뒤집힌 배 안에 생존자가 있는지 없는지를 알아보기 위한 기술을 현재 활발히 개발 중에 있다. 침몰한 배에서 구조자가 눈으로 직접 생존자를 볼 수 있으면 좋겠지만, 배는 온통 단단한 강철로 이루어져 있어 내부를 볼 수 없다. 게다가 뒤집힌 배의 내부도 온갖 것이 뒤엉켜 있을 가능성이 커서 쉽게 분간하기 어렵다. 그 때문에 역시 가장 효과적인 방법은 소리를 이용하여 배 안의 상태를 확인하는 것이다. 이 방법은 구조를 위해 입수한 잠수부가 청진기와 같은 음파수신기를 선체 바깥에 부착한 뒤 배 안에서 발생하는 소리를 배 바깥에서 듣고 생존자가 있는지를 알아내는 것이다.

이런 구조 체계를 만들려면 무엇보다 필요한 것이 각종 기술이다. 일단 청진기와 같은 선체부착형 소리수신기가 필

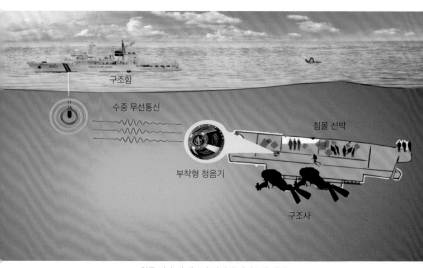

침몰 선박 내 생존자 탐지 음파시스템 개념도
(출처 : KIOST 연구사업)

요하고, 무선을 이용해 수중으로 통신할 수 있는 수중 음파 통신 기능이 갖춰져야 한다. 또 이를 수신할 수 있는 수중 음파수신기도 구조선에 설치해야 한다. 이런 각각의 기술들 모두 현재 개발된 상태지만, 실제 바다에서 효과가 얼마나 있는지를 확인하기 위한 더 많은 연구가 필요하다.

이 연구는 세계 최초로 개발되는 기술로서, 현재까지 세계 어느 나라도 성공시키지 못한 기술 중 하나다. 이런 소리 파동 기술은 해양 선박 사고의 구조에도 기여할 수 있다는 점에서 매우 중요한 기술이 아닐 수 없다. 우리나라 해양음향 과학자들은 여기에 보다 최신의 기술까지 접목시킨 구조 기술 개발을 위해 지금도 연구에 매진하고 있다.

06_ 잠수함아! 어디에 숨었니?

바다 속 소리의 통로를 찾아라!

바다 속은 위쪽으로는 해수면으로 막히고 아래쪽으로는 해저면으로 막혀 있다. 놀랄지 모르겠지만, 수중음향을 연구하는 연구자들에게 바다 속은 거대한 물웅덩이인 셈이다. 이 '물웅덩이' 안에서 소리가 나면, 그 소리는 해수면과 해저면에 번갈아 반사되면서 수평으로는 물속을 따라 멀리까지 전달된다. 그렇다면 구체적으로 바다 속에서의 소리파동은 어떻게 전달될까? 소리는 수온이 높은 곳에서는 빠르게 전달되고, 수온이 낮은 곳에서는 느리게 전달되는 특성을 갖는다.

해수면은 태양열로 데워져서 수온이 높지만 깊이 내려갈

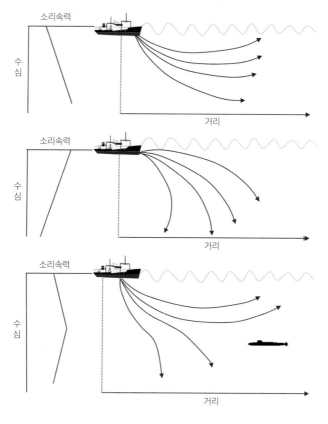

수온의 수직 분포 및 음속 비교

수록 수온은 낮아지게 된다. 그렇다고 마냥 수온이 내려가
는 것은 아니다. 수심 약 300미터 부근부터 해저면까지는
거의 1도 정도의 차가운 수온을 일정하게 유지한다. 수온이

그 이하로 내려가면 물은 얼어 얼음이 되고, 그 얼음은 물보다 밀도가 작아서 해수면으로 떠오르게 된다. 남극과 북극 같은 극지방의 바다에 얼음이 둥둥 떠다니는 것을 볼 수 있을 것이다. 이것은 얼음이 물보다 밀도가 작아서 생기는 결빙 현상이다. 물은 오각형 구조로 된 물 분자들로 연결되어 있는 데 반해 얼음은 육각형 구조로 그 가운데에 공간이 생기면서 밀도가 작아진 탓이다. 따라서 바다 속 깊은 곳은 아무리 온도가 낮아져도 0도 이하로는 절대 내려가지 않는다. 오랜 옛날 지구의 해양생물이 빙하기에도 물속에서 살아남았던 까닭은 바닷물의 수온이 영하로는 결코 내려가지 않았기 때문이다.

이처럼 깊은 바다 속의 수온도 수심에 따라 다른 것이다. 그런데 소리파동은 무엇보다 수온에 따라 굴절되고 휘어져

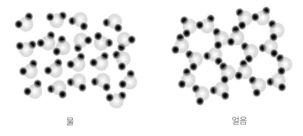

물   얼음

물과 얼음의 분자 구조 덕분에 바닷물 수온은 영하로 내려가지 않는다.

서 전달되는 특성이 있다. 이런 특성 때문에 바다 속에는 심해음파통로(deep sound channel)라는 이색적인 음파통로가 만들어진다. 평균 수심 6천 미터인 태평양의 경우는 수심 약 1천 미터 근방에 음파통로가 만들어지고, 동해처럼 수심이 2천 미터인 바다에서는 약 350미터 부근에 음파통로가 만들어진다. 따라서 동해에서는 물속에서 만들어진 소리가 이런 음파통로에 갇혀 멀리까지 수평으로 잘 전달된다.

수심 100미터를 넘지 않는 서해나 남해 같은 얕은 바다에서는 동해처럼 심해음파통로가 형성되지 않는다. 그래서 서해나 남해의 물속에서 발생된 소리파동은 해수면과 해저

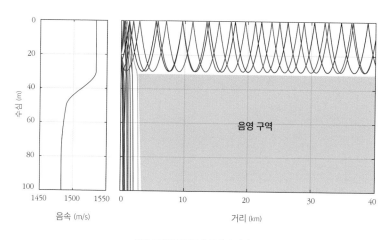

천해 표층음파통로의 형성과 전달

면에 반사되면서 수평으로 전달된다. 하지만 계절에 따라 해수면 가까이에 온도가 일정한 층이 생길 때가 있다. 이때는 해수면부터 약 30~40미터까지 표층음파통로가 만들어지는데, 음파는 바로 이 표층통로를 따라 멀리 전달된다.

잠수함이 내는 소리를 듣다

잠수함은 바다 속을 누비는 수중함정으로, 그 전략적 가치와 군사적 중요성은 전 세계적으로 널리 알려져 있다. 물론 실제로 수중에서 은밀히 움직이는 잠수함을 탐지하기란 어려운 일이다. 비밀리에 움직이는 수중함정인 만큼 쉽게 발각되지 않는 고도의 기술로 개발된 탓이다. 세계 각국은 자국의 바다를 지키기 위해 잠수함을 십분 활용하고 있는 반면, 적의 잠수함을 탐지하기 위해서도 수많은 노력을 기울이고 있다.

잠수함은 크게 두 종류로 구분된다. 하나는 추진 동력을 배터리를 이용하는 소형급의 재래식 디젤잠수함이고, 다른

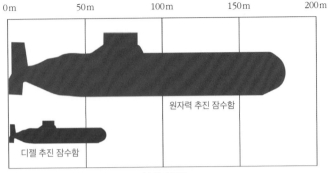

| 0m | 50m | 100m | 150m | 200m |

원자력 추진 잠수함

디젤 추진 잠수함

잠수함의 종류

하나는 핵에너지를 이용하는 대형급의 원자력잠수함이다.

소리파동을 이용해 잠수함을 탐지하는 방법에도 두 가지가 있다. 하나는 잠수함 소음을 직접 듣고 잠수함의 유무를 판단하는 방법이고, 다른 하나는 소나와 같은 음파를 이용하는 것인데 잠수함으로부터 반사되는 소리를 수신함으로써 상대 잠수함을 간파하는 방법이다. 그중 잠수함의 소음(잠수함이 내는 소리)을 듣고 잠수함의 유무를 탐지하는 방법에 대해 살펴보자.

물속에서 발생하는 소음을 탐지하는 수단에는 여러 가지가 있다. 비행기에서 소노부이(sonobuoy, 음향수신기)를 물속으로 떨어뜨린 후 이를 이용하여 소리를 탐지하는 방법, 군함에서 수동소나를 이용하여 물속의 소리를 듣는 방법, 군

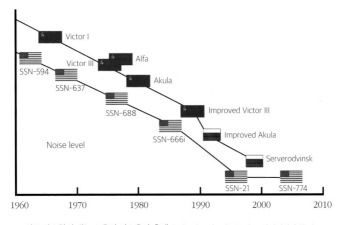

최근 잠수함이 내는 소음의 저소음파 추세(출처 : 미국 해군정보국 자료, 위키피디아 참조)

함이나 잠수함의 배 뒤에 예인형 소나배열(TASS)을 길게 늘어뜨려 소리를 듣고 방향을 탐지하는 방법 등이 그것이다. 이러한 선배열소나는 각 센서로 들어오는 소리파동의 시간 차이로부터 방향을 알아낸다.

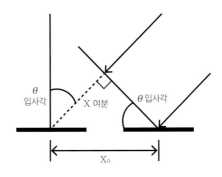

선배열소나의 방향 탐지 원리

소노부이를 이용해 잠수함의 위치를 파악하려면 최소한 3개 이상의 소노부이를 바다에 배치해야 한다. 3개인 이유는 삼각 방식을 이용하여 위치를 찾아낼 수 있기 때문이다. 삼각법이란 그림과 같이 도달 시간으로부터 거리를 산정한

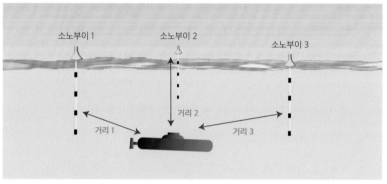

3개의 소노부이로부터
잠수함 소음 위치를 찾아내는
삼각법 원리

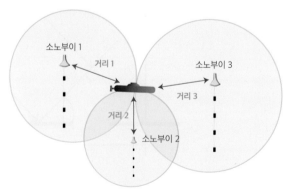

후, 원을 그려서 그 교점으로 소리가 나는 위치를 파악하는 방법이다.

여기에 길이가 긴, 선 형태의 소나배열을 이용하면 소음이 어느 방향에서 오는지도 알 수 있다.

그런데 이렇게 얻어낸 소음에서 어떻게 의미 있는 소리를 구분할 수 있을까? 수신된 소음을 분석하는 데는 두 가지 방식이 있다. 하나는 물속에서 수신된 소음의 특징만 뽑아내는 기법으로서, 잠수함마다 특징적으로 발생하는 고유한 소음을 찾아내는 기술이다. LOFAR(저주파분석) 기법이 여기에 해당된다.

수신된 소음을 분석하는 다른 한 방법은 잠수함의 추진 프로펠러가 회전하면서 내는 '웅웅' 소리 자체를 분석하는 기술이다. 이를 DEMON(변조분석) 기법이라 한다. 우리가 선풍기 바로 앞에서 말을 하면 자신의 말이 '웅웅' 떨리면서 나오는 것을 알 수 있다. 물론 우리 목소리 자체도 변한다. DEMON 분석 기법은 이런 독특한 특성을 이용한 것이다. 즉 잠수함의 소음은 프로펠러를 지나면서 '웅웅' 하는 소리로 변하고 주변으로 그 소리가 전달된다. 이를 듣고 그것이 잠수함의 프로펠러 소리임을 알아채는 것이다. 게다가 이런

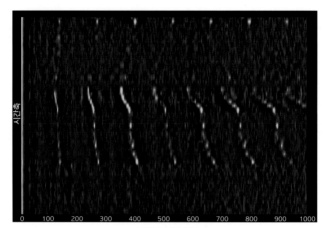

시간축

LOFAR 분석 기법

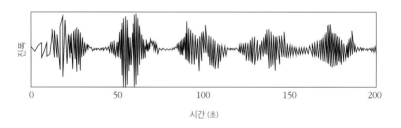

진폭

시간 (초)

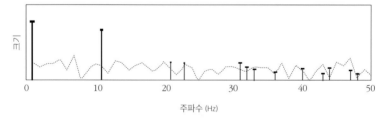

크기

주파수 (Hz)

잠수함 소음이 프로펠러를 지나면서 떨리는 소음으로 변하는 원리

분석을 통하면 프로펠러의 날개 개수, 추진 속력 등도 알 수 있고, 더 나아가 상대방이 어떤 종류의 잠수함인지도 간파할 수 있다.

능동소나로 잠수함을 찾다

잠수함 탐지와 관련하여 잠수함 자체에서 나오는 소음을 수동적으로 듣고 찾아내는 방법도 있지만, 잠수함을 찾으려는 쪽(함정, 대잠헬기 등)에서 자신이 알고 있는 소리를 내보낸 뒤 그 소리가 반사되어 돌아오는 소리를 듣고 능동적으로 탐지하는 방법도 있다. 이 방법을 이용하는 것이 능동소나 방법이다. 잠시 능동소나 기술에 대해 살펴보자. 능동소나는 잠수함에도 갖추어져 있고 수상함인 군함도 보유하고 있다. 심지어 대잠수함 작전에 활용되는 대잠헬기에서도 줄에 매달아 물속으로 내려 사용하기도 한다.

능동소나에서 발생시키는 소리의 파형은 두 가지 방식으

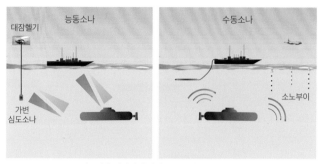

잠수함을 탐지하기 위한 능동소나 활용 개념도

로 이루어진다. 하나는 일정한 진동수의 소리를 펄스 형태로 내는 방식이고, 다른 하나는 진동수를 변화시켜 소리파동을 내는 변조방식이다. 일정한 진동수를 내게 되면 강한 세기를 발생시키는 장점이 있고, 탐지되는 잠수함이 속력을 내어 이동하고 있을 때 도플러 효과로부터 잠수함의 이동

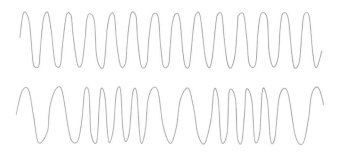

단일 진동수 발생 파형 및 진동수 변조방식 파형 비교

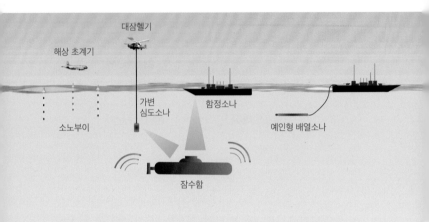

능동소나와 선배열수신기를 동시에 사용하는 최근의 잠수함 탐지 방법

속력을 추정하는 장점이 있다. 변조방식을 쓰는 경우는 잠수함으로부터 되돌아오는 반사파와 해저면 등에서 반사되어 되돌아오는 반사파를 구분할 수 있는 장점이 있다.

최근 능동소나와 선배열수신기를 함께 사용하는 다중소나수신배열 방식도 개발 중이다. 그 이유는 능동소나도 잠수함의 반사신호를 수신하지만 그와 동시에 선배열수신기에서도 반사신호를 수신함으로써 상대 잠수함의 진행 방향과 위치를 정확히 알아내기 위해서다.

한층 진화한 최첨단 기법으로는 능동소나의 반사신호를 다른 군함이나 센서에서도 대신 받아서 처리할 수 있는 복

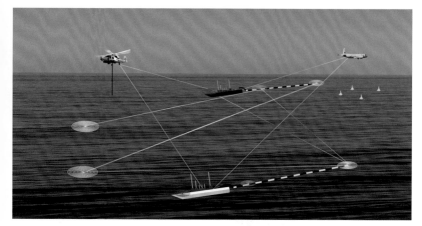

미래에 예측되는 다중처리방식의 능동소나 신호 처리 개념도

합형 다중처리방식 네트워크 기술이다. 이것 역시 활발히 연구되고 있다. 물론 이 기술은 아직은 초보적인 연구 단계 수준이다. 왜냐하면 전쟁 시 작전에 투입되는 모든 장비들을 동시에 연결하여 분석해야 하는 복잡한 체계를 필요로 하기 때문이다. 하지만 미래에는 이런 다중처리방식의 대잠전 네트워크가 실현될 것으로 예측된다.

소리공진으로 잠수함을 확인하다

　기존의 수동소나는 잠수함의 소음을 듣고 분석하는 방식이다. 이에 반해, 능동소나는 스스로 소리를 방사하여 상대방 잠수함으로부터 반사된 소리를 듣고 탐지하는 방식이다. 요즘에는 잠수함을 한층 정밀하게 탐지하는 기법이 제시되고 있다. 잠수함의 소리공진을 이용한 탐지 방법이 그것이다. 이 기술은 아직 세계적으로 실현되지는 않았다. 하지만 최근 한국해양과학기술원에서는 이에 대한 연구를 활발히 추진 중에 있다.

　어느 물체든 고유의 소리공진을 갖는다. 공진은 함께 진동한다는 의미로, 같은 크기와 모양의 소리굽쇠 두 개를 나

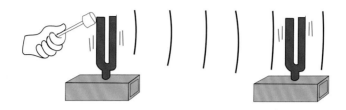

소리굽쇠 2개의 공진 현상 원리

란히 놓고 한쪽을 떨게 하여 소리가 나면 다른 한쪽도 덩달
아 떨면서 소리가 나도록 하는 것이다. 이것이 대표적인 소
리공진 현상이다. 물속에서 활동하는 잠수함도 원통 형태의
구조를 갖고 있고, 또 내부는 공기로 채워져 있다. 그렇기
때문에 물속에서도 소리공진 특성이 잘 나타난다.

단순한 모형을 가정하여 잠수함의 소리공진 특성을 이론
적으로 분석할 수 있다. 수중에서 능동소나가 발생시킨 소
리가 잠수함에 부딪힌다고 가정하자. 그 소리가 잠수함에
서 반사되는 경우는 두 가지다. 하나는 표면에서 바로 뒤쪽
으로 되돌아 반사하는 경우이고, 다른 하나는 원통형의 면
을 휘돌아 한 바퀴 진동한 다음 반사하는 경우이다. 보통 능
동소나에서는 첫 번째 반사신호를 수신한다. 그런데 여기서
말하는 소리공진은 두 번째 반사신호에 해당한다. 이는 기

정반사 모드(1차 반사)   내부공진 모드(2차 반사)

원통형 수중 물체의 소리공진 원리

존의 능동소나로는 분석하지 못한 반사신호인 것이다.

그런데 이때 소리공진이 발생하려면 능동소나가 소리공진 진동수와 똑같은 진동수의 소리를 발생시켜야 한다. 기존의 능동소나는 일정한 진동수만 사용하기 때문에 이런 소리공진 효과를 확인할 수 없었다. 따라서 소리공진을 이용한 효과를 얻으려면 능동소나는 여러 진동수의 소리를 발생시킬 수 있는 광대역 진동수소나가 되어야 한다. 하지만 아직까지 이런 규모의 소나는 개발되지 않았다. 왜냐하면 광대역 진동수소나를 만들려면 기존의 소나 장비보다 몇 배나 더 크게 만들어야 하고, 여기엔 갖가지 기술적 어려움이 뒤따르기 때문이다. 그러나 일단 이러한 광대역 진동수소나가 있다고 가정하면 다음과 같은 소리공진 특성은 이론적으로

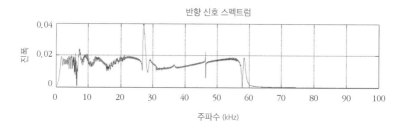

반향 신호 스펙트럼

원통형 수중 물체의 소리공진 스펙트럼 (출처 : KIOST 수중음향 실험실)

분석 가능하고, 이를 통해 잠수함의 존재 유무를 확실히 판정할 수 있다.

이와 같은 기술을 확인하기 위해 한국해양과학기술원에서는 최근 잠수함 축소모형 실험을 실행한 바 있다. 그 결과, 이론예측과 동일한 획기적인 실험 결과를 얻었다. 이로써 이 기술이 미래형 최첨단 기술임을 입증하는 최초의 결과라고 자부할 수 있게 되었다.

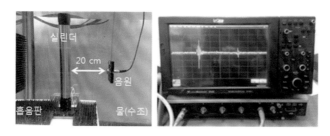

잠수함 축소모형 소리공진 실험 (출처 : KIOST 수중음향 실험실)

수중 전기 스파크 방식의 충격소리파동 발생 장치의 예

　소리공진을 이용한 잠수함 탐지 기술을 실제 현장에 적용하려면 무엇보다 중요한 것이 광대역 진동수 능동소나의 개발이다. 하지만 현실적으로 이 기술을 개발하는 데는 적지 않은 어려움이 있다. 여기엔 전기 스파크를 이용해서 수중 충격파를 일으키는 기술을 이용하는 방법이 우선적으로 요구된다. 전기 스파크를 활용하면 가볍고 값싼 방법으로 광대역 진동수 능동소나를 대신하는 효과를 얻을 수 있다. 위와 같이 전기 스파크를 이용한 충격소리파동 발생 장치를 직접 만들어 실제로 바다 현장에서 적용하면 잠수함 소리공진을 이용한 탐지 기술의 효과를 확인할 수 있다. 이것과 관련하여 전문 연구자들이 지금도 부지런히 연구 중이다. 한

실제 바다에서의 충격소리파동 발생 장치의 운용 개념도

편, 무인수상함 등에도 설치하여 활용하면 앞으로 펼쳐질 미래 해양전장에서의 잠수함전에는 탁월한 탐지 수단이 될 것이라 확신한다.

07_ 우리 바다를 지키는 소리기술

소리부표로 물속 소리를 듣다

넓고 깊은 바다를 수호하기란 참 어려운 일이다. 입체적인 전략이 필요하기 때문이다. 그 가운데 가장 중요한 것이 바다 속을 은밀하게 활동하는 적의 잠수함을 탐지하는 일이다. 수상함이나 전투기와는 달리, 잠수함은 그 형체가 보이지 않고 첨단 레이다의 전파도 물속에서는 모두 무용지물이 되기 때문이다. 잠수함이 있는지 없는지는 오로지 소리에 의존할 수밖에 없다. 하지만 그것이 어디 쉬운 일인가!

바다 속에서 은밀히 움직이는 잠수함의 소음을 들으려면 수중마이크(수중청음기)를 바다 표면의 부표에 매단 후 물속에 수직으로 내려서 감별해야 한다. 이것이 소리부표이다.

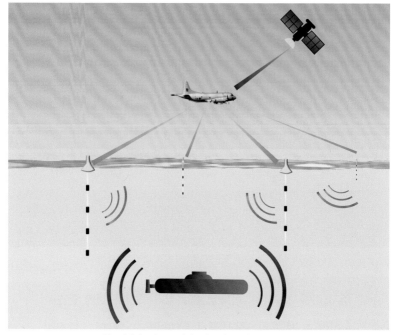

항공기에서 물속으로 떨어뜨린 소리부표의 기능과 역할

소리부표는 해군 대잠항공기에서 주로 사용하는데, 물속에 내려진 부표에서 탐지한 소음을 부표안테나를 통해 항공기로 전송함으로써 실시간으로 수중의 소음을 모니터링하는 장비이다.

예나 지금이나 과학자들은 소리부표를 활용한 다양한 연구를 수행하고 있다. 이를 통해 물속에서 들리는 각종 생물

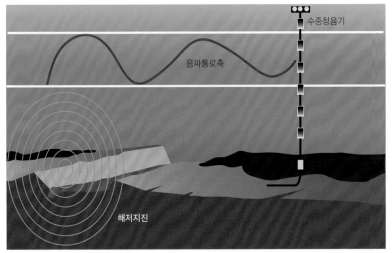

음파통로축을 이용하여 해저지진 소음을 관측하는 소리부표 개념도

의 소리를 청취하여 바다생물의 소리 특성과 생태 환경을 파악하고, 먼 거리에서 발생하는 해저지진 소음이나 핵실험 소음 등도 감별해낸다.

넓고 넓은 바다에서 발생하는 수많은 소리를 모두 들으려면 그에 걸맞게 많은 소리부표가 필요하다. 이를 설치하고 실시간으로 운용하려면 드론과 같은 무인비행체를 이용하는 것도 한 방편이다. 드론에 소리부표와 통신할 수 있는 중계기를 붙인 뒤 바다에 띄워 비행시키면, 근처의 소리부표에서 보내오는 물속 소리를 육상에서 실시간으로 수신하

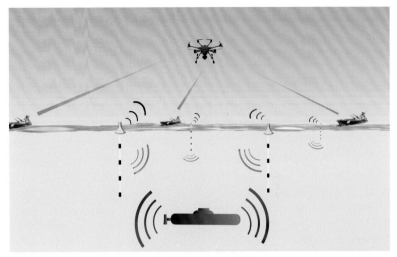

드론을 통한 대량의 수신 부표 활용

여 모니터링 할 수 있다.

소리부표를 3개 이상 사용하면 앞서 설명한 대로 삼각법
으로 소리 발생 위치를 알 수 있다.

해저에서 조용히 모든 소리를 듣다

소리부표는 육상이 아닌 바다 표면에 떠 있다. 그래서 궂은 날씨나 파도에 쉽게 고장 날 때가 많고, 근방을 지나가는 선박에 의해 파손되기도 한다. 뿐만 아니라 센서를 정상 상태로 유지하는 데도 배터리 시설이 반드시 있어야 한다. 하지만 장착된 배터리는 제한된 시간이 지나면 사용할 수 없어 주기적으로 교체해야 하는 어려움도 뒤따른다.

상황이 이렇다 보니 연구자들은 보다 안전하고 효율적으로 물속 소리를 청취할 수 있는 또 다른 센서 체계를 고안하게 되었다. 바로 해저에 설치하는 소리탐지 케이블이다. 해저 소리탐지 케이블은 육상과 연결된 광케이블과 여러 개의

해양물리
부이

레이다
AIS

해저음향 케이블

파고/수온센서 케이블

해저 소리탐지 케이블의 원리

수중마이크를 결합시켜 만든다. 이 방식을 활용하면 전기
공급 문제를 해결할 수 있고, 유선으로 육지와 연결되어 언
제든 육상 모니터로 수중 소리를 청취할 수 있는 장점이 있
다. 게다가 여러 개의 수중마이크를 일정 간격으로 설치할
수 있어서 작은 소음도 놓치지 않고 한층 크게 증폭시켜 들
을 수 있다.

　해저 소리탐지 케이블은 바다 위에서는 전혀 보이지 않
는다. 따라서 일단 설치하면 당사자가 아닐 경우 누구도 설
치 위치 등을 파악하기 어렵다. 만약 잠수함이 케이블 설치
지역 주변을 지나가면 케이블 설치자는 그 잠수함의 소음을

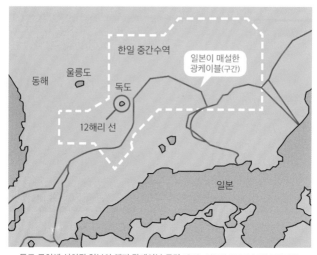

독도 근처에 설치된 일본의 해저 광케이블 구간 (출처 : 신동아 2005년 5월 특집기사)

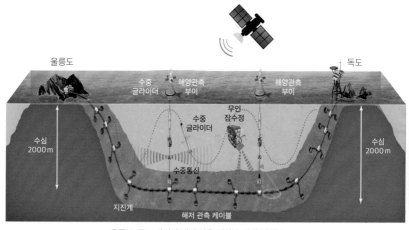

울릉도-독도 사이의 해저 관측 케이블 설치 개념도

들을 수 있고, 그것이 어떤 형태의 잠수함이고 어느 나라 잠수함인지를 감지해낼 수 있다.

왼쪽(위)은 우리나라 독도 주변에 설치된 이웃나라 일본의 해저 광케이블 설치 구간 그림이다. 이미 일본은 독도 근처까지 자국의 해저케이블을 오래 전에 매설한 바 있고, 최근까지 이를 널리 활용 중인 것으로 보인다.

우리나라도 더 늦기 전에 사려 깊고 효율적인 해양주권 대비책을 마련할 때다. 그중 가장 시급한 곳이 잠수함 활동의 길목이자 주요 활동 무대인 동해안과 울릉도 사이, 울릉도와 독도 사이로, 이곳에 해저 관측용 복합 케이블을 설치할 필요가 있다.

바다 속 소리집속 거울을 찾아서

과학관에 가보면 소리를 모았다가 곧바로 보내는 접시안테나 형태의 소리집속 반사판을 볼 수 있다. 영국은 과거 제2차 세계대전 때 공중으로 침투하는 적의 비행기를 탐지하기 위해 시멘트로 만든 거대한 소음증폭 반사판을 활용한 역사를 갖고 있다.

물속에서도 이처럼 소리를 모으는 반사판을 이용하면 어떨까? 일단 크기가 너무 커서 비용이 많이 들고, 무엇보다 물속에 설치되기 때문에 시설의 부식 문제도 심각할 것이다. 그렇다면 자연상태의 물속 바위들을 이용하면 어떨까? 마침 우리나라 절벽 해안이나 섬 부근의 물속에는 원통 모

소리집속 반사판

제2차 세계대전 때 영국에서 사용한 소음증폭 시설

양의 오목한 암석절벽으로 형성된 곳이 여럿 있는 것으로 파악되었다. 그중에서도 우리나라 동쪽에 위치한 울릉도에서 신기하게도 암반 형태의 해저지형을 찾을 수 있었다. 울릉도는 높이가 3천 미터가 넘는 거대한 원뿔 모양의 산체 형태이며, 바다 위로 드러난 성인봉의 해발고도는 1천 미터, 해저면 아래는 2200미터이다. 그리고 해수면 위의 지름은 10킬로미터 안팎이지만, 해저 지름은 약 30킬로미터로 제주도와 유사하다.

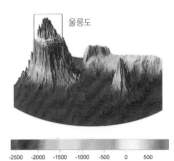

울릉도의 해저지형 (출처 : KIOST)

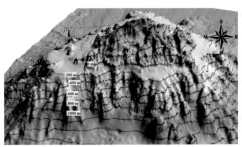

북쪽에서 바라본 울릉도의 해저지형 (출처 : KIOST)

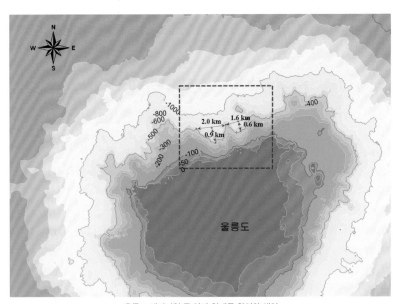

울릉도 해저지형 중 암반 형태를 확인한 해역

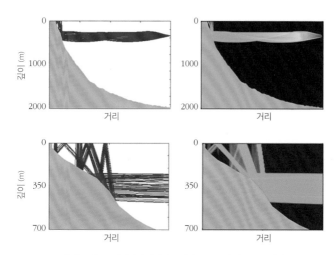

음원 수심 350미터에서 방사한 음파의 연안 해역 집속 모델 결과(위)와
연안 해역을 확대한 그림

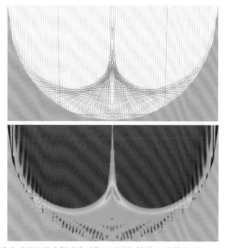

위에서 바라본 암반 형태에 따른 소리집속 형태 모의 결과 (출처 : KIOST)

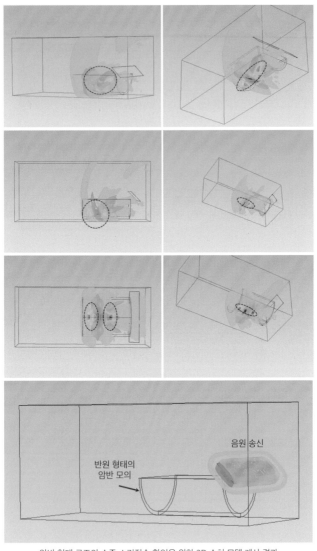

음원 송신

반원 형태의
암반 모의

암반 형태 구조의 수중 소리집속 확인을 위한 3D 수치 모델 계산 결과

한국해양과학기술원에서는 수중음향 모델을 이용하여 음원이 수심 350미터에서 연안으로 음파를 방사할 경우, 울릉도의 해저암반에서 음파가 해표면으로 반사되는 현상을 확인하였다. 그리고 2차원 수중음향 모델에서는 반원 형태의 해저지형에서 음파가 곡률 반경의 1/2지점에서 집속되는 것을 확인하였다. 마치 음선이 구면거울에서 초점에 맺히는 결과와 유사하게 나타난 것이다. 3차원 수중음향 모델에서도 유사한 결과를 볼 수 있었다.

이렇게 자연 그대로의 지형을 이용하여 바다 속 먼 거리로부터 들려오는 낮은 소리들을 모을 수 있는 방법을 제안하였으며, 앞으로는 낮은 소리들을 증폭시킬 수 있는 연구를 계속하여 실제로 바다에서 실현될 수 있도록 노력할 것이다.

■ 참고문헌

Prosperetti, A. and Oguz, H. N., 1993, "THE IMPACT OF DROPS ON LIQUID SURFACES AND THE UNDERWATER NOISE OF RAIN," *Annu. Rev. Fluid Mech.*

Denny, M.W., 2004, "Paradox lost: answers and questions about walking on water," *J. of Exp. Biology*.

Johnson, M., Madsen, P.T., Zimmer, W.M.X., Aguilar de Soto, N., Tyack, P.L., 2006, "Foraging Blainville's beaked whales (Mesoplodon densirostris) produce distinct click types matched to different phases of echolocation," *J. of Exp. Biology*.

Martin Chaphin, Water Structure and Science, http://www1.lsbu.ac.uk/water/water_vibrational_spectrum.html

KIOST, 해양수산부, 연구보고서, "해양구조연구센터 설립 운영 등에 관한 기획연구", 2016.

KIOST, 연구보고서, "MT-IT 융합 실시간 관할해역 관리시스템 구축 시범사업", 2014.

KIOST, 연구보고서, "접경해역 관리를 위한 종합해양과학기술 연구기획", 2009.

KIOST, 국토해양부, 연구보고서, "융합 해양과학기술 발굴을 위한 기획연구", 2009.

KIOST, 해양경찰, 연구보고서, "선체내 생존자 수색 및 생존성 확보기술 개발", 2018.

KIOST, 경상북도, 연구보고서, "울릉도-독도 다목적 해저케이블 구축 기획연구", 2012.

KIOST, 연구보고서, "해양안전 확보를 위한 원전 해양감시체계 구축 연구", 2015.

KIOST, 연구보고서, "수중음향 기술을 활용한 MT-ICT 기반 해양동물 관광콘텐츠 개발 연구", 2016.